[BIB]LIOTHÈQUE DE L'HORTICULTEUR P[RATIQUE]

Comte Léonce de Lambertye

CULTURE FORCÉE

DU FRAISIER

PAR LE THERMOSIPHON

Prix : 1,25

PARIS
LIBRAIRIE CENTRALE D'AGRICULTURE ET DE JARDINAGE
RUE DES ÉCOLES, 62 (ancien 82), PRÈS LE MUSÉE DE CLUNY
— Auguste GOIN, éditeur —

CULTURE FORCÉE

DU FRAISIER

PAR LE THERMOSIPHON

Évreux, Ch. Hérissey, imp. — 1878

Comte Léonce de LAMBERTYE

CULTURE FORCÉE

DU FRAISIER

PAR LE THERMOSIPHON

Nouveau tirage.

PARIS

LIBRAIRIE CENTRALE D'AGRICULTURE ET DE JARDINAGE

RUE DES ÉCOLES, 62, PRÈS LE MUSÉE DE CLUNY

— Auguste GOIN, éditeur —

CULTURE FORCÉE

DU

FRAISIER

INTRODUCTION

Les personnes étrangères à l'étude des plantes, seulement même à l'art du forçage, se persuadent que les arbres ou les herbes dont on obtient des fruits à contre-saison sont tous soumis constamment à une chaleur très-forte. Un peu de réflexion dissiperait cette erreur. Elles savent, par exemple, que l'*ananas* se cultive l'année entière sous verre, et que le fraisier croît sauvage dans nos bois. Or, une espèce originaire des tropiques réclame donc plus de chaleur que celle originaire des régions tempérées. Cela tombe sous le sens.

En conséquence, si on veut forcer le fraisier, il faudra lui faire un climat artificiel correspondant à son climat naturel; et plus il y aura de rapports entre ces deux climats, plus le succès sera grand.

Ces mêmes personnes pourraient peut-être m'objecter

que les fraisiers dont on obtient des fruits dès les premiers jours de mars ne sont pas semblables aux fraisiers de nos bois, qu'ils peuvent avoir besoin de plus de chaleur. De là, la nécessité de bien se rendre compte de l'*aire* occupée sur la surface du globe par une espèce à l'état spontané, de son degré de latitude et d'altitude, de son habitation dans les îles grandes ou petites, dans les continents, sur les côtes ou à l'intérieur, toutes choses qui tendent à modifier les conditions de culture de cette espèce.

M. Gay, qui s'est livré à une étude très-approfondie de la distribution géographique des fraisiers, nous apprend que, « parmi les *huit espèces* dont se compose le « genre, trois seulement sont particulières au nouveau « monde, mais toutes confinées, *sauf une seule exception*, « dans l'hémisphère nord, où elles affectionnent les zones « tempérées [1] ».

Cette seule espèce qui fait exception est le *fraisier du Chili*.

Le caractère géographique de ce fraisier est particulier, car il reste attaché aux côtes de l'océan Pacifique, d'où il ne s'élève que dans les montagnes. Son centre est le Chili méridional, entre le 45e et le 33e degré de latitude sud.

Voilà donc une espèce qui habite une zone plus chaude que ses congénères. Remarquez, en outre, qu'elle ne s'écarte pas des côtes de l'Océan.

Que cette espèce soit cultivée, elle sera plus exigeante, il lui faudra des hivers doux et le voisinage de la mer.

Les faits viennent à l'appui. Le *F. du Chili*, rapporté du Chili même en Europe, en 1712, s'est parfaitement

[1] *Recherches sur les caractères de la végétation du fraisier et sur la distribution de ses espèces*. Ann. Sciences. nat., 4e série, t. VIII, p. 185-208. — *Voir* p. 194.

naturalisé en Angleterre et sur les côtes nord-ouest de France. A Paris, il meurt, tandis que le *F. ananas*, le *F. de la Virginie*, originaires des régions moins chaudes de l'Amérique, résistent partout en France à l'air libre tout aussi bien que nos espèces indigènes.

Or, les variétés nombreuses qu'on rencontre dans les jardins et qu'on *force* descendent de ces types-là. Le fraisier prospère donc, *sauf une seule espèce*, sous les climats tempérés.

Sa foliation s'effectue à une température moyenne très-basse de 4° à 5°. — M. le comte de Gasparin nous apprend, dans son *Cours d'agriculture*, que la chaleur moyenne pendant la floraison est de 9° 5, pendant la maturation de 17° 8.

Puisqu'à l'air libre, le fraisier subit l'influence d'une chaleur d'abord très-faible, et qui s'élève progressivement jusqu'à la maturité de son fruit (ce que M. de Gasparin nomme maturation pendant les chaleurs croissantes), nous aurons soin de lui faire une saison printanière qui corresponde à la première période de sa végétation; puis nous augmenterons insensiblement cette chaleur, la portant à son maximum au moment de la maturation.

En pleine terre, le fraisier subit les vicissitudes du temps. Trois mois et demi environ séparent l'instant où le travail de la séve se manifeste en lui de celui où ses fruits commencent à mûrir.

En culture artificielle, les alternances de froid et de chaud, de sécheresse et d'humidité sont faciles à éviter; il en résulte qu'un laps de temps un peu moins considérable, surtout en *seconde saison*, suffit pour atteindre le but qu'on se propose : le produit.

Ire PARTIE. — MATÉRIEL

Description du matériel.

BACHE FIXE, MODÈLE DU POTAGER DE VERSAILLES.

Profil de la bâche.

a, a, a, a, a, a, a, a, a. Planches clouées sur les pieux et formant encadrement.

B, B. Pieux dont la partie inférieure enfoncée en terre est scellée à pierres sèches.

C. Sol du jardin.
D. Largeur de la bâche (extérieur).
E. Châssis, pente 0m 50.
F. Barre ou jet d'eau.
G, *G*. Pattes en fer qui fixent les barres à l'encadrement.
H, *H*. Tuyaux du thermosiphon reposant sur des briques.
I. Planche mobile, à cinq crans, formant gradin.
J, *J*, *J*, *J*. Chevilles de fer ou de bois fixant la planche crémaillère aux poteaux.
K, *K*. Réchauds par derrière et par devant.

L'encadrement de cette bâche est en planches de sapin, larges de 0m 22, épaisses de 0m 028, longues de 4m. Cinq planches suffisent dans le haut, trois planches dans le bas. Des pieux en cœur de chêne de 0m 08 carrés sont scellés en terre avec des pierres sèches, à 0m 30 de profondeur, à la distance de 1m 32 sur la ligne, le premier et le dernier formant encoignure de la bâche et tous exactement en ligne. La ligne supérieure des pieux est distante de la ligne du bas de 1m 55 de dehors en dehors. Ces pieux sont en face à angle droit. Les châssis ayant 1m 65 de longueur, 1m 30 de largeur et 0m 50 de pente, le sommet des pieux de la ligne du bas doit être de 0m 50 inférieur aux pieux de la ligne du haut. Les pieux du haut auront une longueur de 1m 45, ceux du bas 0m 95, y compris dans les deux longueurs la partie 0m 30 qu'on enterre. Les barres (ou jets d'eau), destinées à maintenir l'écartement et à supporter les châssis, ont 0m 06 d'épaisseur. Elles reposent sur le sommet des pieux, taillés un peu en biseau en raison de la pente indiquée; ces barres affleurent les planches de l'encadrement; celles-ci sont clouées sur la face extérieure des pieux et les débordent de 0m 06 en saillie. Les barres en place aboutissent juste au champ de la planche du haut. Elles sont entaillées aux deux extrémités sur une longueur de 0m 10, et reçoivent deux pattes en fer qui se recourbent et descendent libres contre les parois extérieures des planches. L'encadrement de la bâche conserve ainsi sa ligne droite sans dévier sur aucun point; les barres s'enlèvent à volonté.

Les crémaillères sont taillées dans des planches de sapin; elles sont mobiles. Les tablettes fixées sur les crémaillères et formant les cinq degrés (j'ai oublié de les représenter sur la figure), ont 4^m de longueur.

Les pieux, qui correspondent à la juxtaposition de deux longueurs de tablettes, reçoivent deux crémaillères, une de chaque côté. Tous les autres pieux, y compris les quatre placés aux angles, n'en auront qu'une.

Quand les fraisiers viennent d'être placés dans la bâche, le gradin doit être maintenu aux deux lettres J supérieures, afin qu'ils profitent d'une plus vive lumière; quand ils se sont développés et qu'ils vont toucher les verres, on fait descendre le gradin aux lettres J inférieures et on le fixe dans les deux cas par des chevilles de fer qui pénètrent dans les pieux.

Les tuyaux en cuivre reposent horizontalement sur des briques au fond de la bâche, si le terrain est horizontal; mais s'il offre une pente dans le sens de la longueur, les tuyaux monteront au départ de la chaudière; ils doivent occuper le centre de la bâche distant entre eux de 0^m 40.

C'est au potager de Versailles que j'ai remarqué ce genre de bâche, et, l'ayant trouvé avantageux, j'en ai établi une sur ce modèle, avec de légers changements.

Mes cultures regardent le midi; les côtés de ma bâche à fraisiers sont donc à l'est et à l'ouest; mon terrain étant de niveau dans le sens de la longueur, je pouvais indifféremment placer le fourneau à l'est ou à l'ouest; j'ai choisi l'est, pour faciliter le tirage.

La construction de la chaudière est d'une haute importance; d'elle seule dépend la bonté ou la médiocrité de l'appareil; on en a construit d'après différents systèmes : mais ne les ayant pas expérimentés, je ne puis en donner ici la description.

IIe PARTIE. — CULTURE

CHOIX DES VARIÉTÉS.

Parmi les variétés les plus nouvelles, il s'en trouvera de convenables au forçage, mais il faut les éprouver avant de les recommander.

On a commencé en France par hâter le *F. des quatre saisons*, *Roseberry*, dans les serres à fruits et sous châssis.

M. François Grison aurait le premier forcé les fraisiers à gros fruit au potager de Versailles et en serre à ananas.

En 1838, M. Maxime Grison, chef des cultures chez M. de Rothschild, forçait le *Keen's seedling* au thermosiphon dont l'usage était récent, et il obtenait des fruits le 10 mars. En 1840, M. Gontier inaugurait au Petit-Montrouge le premier chauffage à l'eau chaude qui ait paru dans les cultures marchandes. Il forçait aussi le *Keen*, dont les excellentes qualités lui ont valu parmi les cultivateurs et les marchands de la Halle, à Paris, le surnom de *la Reine*.

Vers 1848, la *Princesse Royale*, obtenue par M. Pelvilain, en 1846, commençait à se répandre. Sa grande précocité, sa fertilité, la belle forme et la belle couleur du fruit en faisaient une plante très-propre au forçage. Aussi, fut-elle généralement recherchée par les primeuristes, et est-elle encore aujourd'hui généralement adoptée par eux. Cependant, il faut reconnaître avec Mme Vilmorin [1] « qu'elle est peu savoureuse, peu sucrée, et que « sa *mèche* ligneuse en fait un fruit grossier ». Comme il importe avant tout de s'attacher aux meilleurs fruits, ayant rencontré dans une variété nouvelle (la ***Marguerite***) tous les mérites de la ***Princesse*** sans ses défauts, j'ai renoncé à la ***Princesse***.

En 1861, M. Grison forçait encore au potager de Versailles la ***Princesse Royale*** dans une forte proportion, ***Sir Harry***, ***Victoria*** (Trollope), ***Marguerite*** qu'il essayait, et ***May Queen***, qui, malgré la petitesse de son fruit relativement au fruit de la plupart des variétés américaines, n'est pas à dédaigner, car elle est *de toutes* certainement la plus hâtive. Chauffée chez moi à Chaltrait le 15 décembre 1860, elle mûrissait le 10 mars suivant.

Mac Ewen [2] recommande pour l'Angleterre ***Keen's seedling***, ***British Queen*** (trop peu fertile en France), ***Black Prince*** (Cuth), ***Eleanor***, ***Prince of Wales*** (Ingram), ***Sir Harry***, ***Victoria*** (Trollope). La liste de M. Thomas Rivers [3] diffère un peu. ***May Queen***, ***Princess Frederick William***, ***Keen's seedling Elisa*** (Rivers), ***Sir Harry***, ***Carolina superba***, ***Prince of Wales*** (Ingram), ***British Queen***.

Enfin M. Tatter [4] conseille pour le Hanovre : premier forçage de novembre par le feu : ***Princess Alice Maud***,

[1] *Jardin fruitier du Muséum*, liv. XXII.
[2] *Fruit culture*, n° 1er. *The Strawberry*, London, 1856.
[3] *The Orchard House*, 9e édit., London, 1860.
[4] *Die praktische obst-Treiberei*, Hamburg, 1861.

Sir Charles Napier; — deuxième forçage de janvier : *Keen's seedling, Sir Harry, British Queen, Comte de Paris* (Pelv.), *Victoria* (Troll.).

Voici maintenant ma liste des fraisiers qui réussissent au forçage.

Quatre-Saisons.	Eliza (Rivers).	Princess Frederick William.
Ambrosia.	Empress Eugenia.	Sir Harry.
British Queen.	Keen's seedling.	Sir Charles Napier.
Constante (la).	Marguerite.	Victoria (Trollope).
Crémont.	May Quenn.	
Eleanor.	Oscar.	

LISTE DE VARIÉTÉS ÉPROUVÉES QUE JE CONSEILLE.

Première saison. — Forçage le plus hâtif en serre à ananas du 15 novembre pour arriver fin de février, commencement de mars (14 semaines), jusqu'au 15 mars.

Variétés : *May Queen, Marguerite,* à la place de *Princesse Royale* (Pelv.), et *Quatre-Saisons* un peu.

Deuxième saison. — Forçage hâtif en bâche chauffée au thermosiphon, du 20 décembre pour arriver au 15 mars et jusqu'au 1er avril (12 semaines).

Variétés : *Marguerite* (encore), *Constante* (*la*), un peu *Sir Harry,* un peu *Quatre-Saisons.*

Troisième saison. — Dernier forçage sous bâche chauffée au thermosiphon, du 15 janvier pour arriver le 1er avril, et jusqu'au 15 avril (11 semaines).

Variétés : *Sir Harry, Victoria* (Trollope.)

ÉDUCATION DU PLANT.

Je rappellerai au début cette sage réflexion de Mac Ewen, que j'ai trouvée dans sa brochure sur le fraisier : « Il faut bien se convaincre que le traitement de la plante « à l'époque de la fructification ne peut bien réussir

« qu'autant qu'on la prépare dès à présent (mois de « juin) avec grand soin. Le forçage ne fait que développer les ressources préparées dès cette époque (juin). »

Il est donc indispensable de remonter au travail préparatoire, au forçage, et de le faire connaître.

Si l'on manque de pieds mères âgés d'un an, dès le printemps qui précède l'époque du premier forçage, il faut s'adresser à des personnes dignes de confiance pour vous *monter* en plants. Si, au contraire, vous avez établi précédemment une pépinière de *porte-coulants*, elle va vous servir.

DU PORTE-COULANTS.

Le titre de ce paragraphe exige une explication, car j'ai risqué un terme nouveau.

Tous les exemplaires d'une espèce quelconque (sauf dans les plantes dioïques) produisent des graines, mais on n'applique le nom spécial de *porte-graines* qu'aux sujets de sélection cultivés en vue d'obtenir de bonnes graines. Serait-il moins rationnel, bien que toutes les variétés de fraisiers connues (sauf deux à trois) produisent des coulants, de donner et d'appliquer le nom de *porte-coulants* aux *seuls* exemplaires de sélection cultivés en vue d'obtenir de bons coulants? Ce terme pourra n'être pas adopté, mais il m'est commode, et je m'en sers.

MANIÈRE DE PRÉPARER LE PORTE-COULANTS.

Ire Année. — 1° *Pépinière d'automne des jeunes plants sous châssis froids.* — Si l'on possède les variétés que je signale, on les utilise, sinon on s'adresse à un *fraisiériste* recommandable. Le plant doit être jeune. On place un à plusieurs coffres à melon, selon la quantité de plants nécessaire, dans une partie du jardin bien exposée. Les coffres en place, on laboure d'un demi-fer de bêche la terre de l'intérieur, on la fourche et on la couvre d'un lit de terreau consommé de l'épaisseur de 0^m 10. Lorsqu'il est tassé, on dresse au râteau, puis on trace douze rayons : le premier à 0^m 10 de la planche du haut du coffre, les autres de 0^m 10 en 0^m 10; il restera 0^m 20 de vide dans le bas, trop peu éclairé et trop humide pour être utilisé. On plante au plantoir un pied de 0^m 10 en 0^m 10 sur le rayon; on l'enfonce jusqu'au collet et on *borne*. On met à la suite tous les pieds de la même variété, qu'on a grand soin de séparer de la suivante par une étiquette. Si sous un châssis il peut tenir cent cinquante-six plants, le coffre en contiendra quatre cent soixante-huit. On bassine la pépinière, on panneaute et l'on tient le châssis baissé et un peu *brouillé* jusqu'à la reprise, qui s'effectue en huit ou quinze jours, suivant qu'on a pris le plant chez soi ou qu'on l'a reçu. On *dépanneaute* au bout de ce laps de temps, et on ne *repanneaute* qu'en cas de grandes pluies ou de fortes gelées.

Hivernage. — A partir du 15 novembre, on baisse toujours les châssis sur le coffre. On donne le plus d'air possible pendant le jour, on *rabaisse* le soir. On ne doit songer à couvrir avec des paillassons que quand la gelée devient sérieuse; après la série des grands froids on ne couvre plus la nuit. Cette plantation ne réclame aucun bassinage pendant tout l'hiver. On esherbe [1] s'il y a lieu; en mars, on enlève tout à fait les châssis et on arrose un peu s'il fait sec.

2° *Pépinière d'automne, plantation à l'air libre en*

[1] Je sais que l'Académie écrit *éherbe*; je me suis conformé à l'usage.

côtière (15 septembre). — On peut ne pas avoir de châssis ; alors on laboure une planche adossée à un mur au midi, longue de 3 à 12 mètres et plus s'il y a lieu. On dresse au râteau, on répand sur la terre un lit de terreau consommé, épais de 0m 10 après avoir été tassé ; on trace douze rayons, et on plante chaque pied au plantoir, à 0m 10 dans le rayon ; on *borne*, on arrose *au bec*, puis à la pomme. S'il fait chaud, on renouvelle les bassinages.

Hivernage. — Dès que le froid se fait sentir, fin de novembre ou décembre, on couvre la planche de fumier pailleux ou de feuilles sèches. Si dans l'hiver il y a une série de pluies, de jours doux, on découvre et l'on recouvre par le froid ; sans ces précautions le plant serait soulevé par la gelée et endommagé.

2e *Année.* — *Première pépinière de printemps.* — Dans la *dernière quinzaine de mars*, il est temps de *repasser* les plants sur une nouvelle pépinière, où ils seront plus espacés. L'emplacement étant déterminé à l'avance, à bonne exposition et en bon terrain, on laboure une ou deux planches d'une longueur proportionnée à la quantité de plants qu'il faut ; on herse à la fourche, on dresse au râteau. Chaque planche, large de 1m, séparée de sa voisine par un sentier de 0m 60, doit être recouverte d'une épaisseur de 0m 06 de terreau bien consommé ; on la divise en six rigoles faites au *piochon* ou au *tire-sillon*, espacées entre elles de 0m 20. On a mouillé quelques heures à l'avance la pépinière de l'automne. Le moment étant venu de planter, on va à la pépinière, on glisse le déplantoir sous chaque plant, et l'on fait une légère *pesée* sur le manche afin de ne pas briser de racines en le soulevant. On doit faire tomber presque toute la terre d'entre ces racines, en *rafraîchir* les extrémités à la serpette, supprimer les feuilles mortes, épuiser une variété avant de passer à une autre et mettre toute son attention à ne pas les mêler. On dépose ces jeunes plants dans un panier plat, puis on les place deux par deux au fond de la rigole, de 0^{m} 20 en 0^{m} 20, en ayant soin d'étaler les racines, qu'on recouvre de terre avec les mains en appuyant autour du collet, qui doit rester au niveau du sol. Le panier vidé, on retourne chercher une autre provision qui sera traitée comme la première, et ainsi des autres.

Soins à donner après la plantation.—Nous n'avons pas affaire ici à des plants de semis d'une grande délicatesse, mais à des pieds de coulants rustiques, ayant hiverné, et qui n'exigent pas une surveillance assidue. Cependant, il peut faire sec et chaud à la fin de mars; on doit bassiner cette pépinière de temps à autre; de préférence le matin jusqu'en mai, et le soir jusqu'au 15 juin, époque d'une nouvelle transplantation. S'il est bon d'empêcher par des mouillures à propos un arrêt dans la végétation, il est mauvais d'exciter cette végétation par de trop fréquents arrosements. On sarcle, on bine, on supprime les coulants s'il s'en est présenté.

Deuxième plantation en pépinière. — Pourquoi cette seconde pépinière? En voici la raison donnée par Lelieur. Si l'on cherche à se rendre compte de l'effet du premier repiquage sur les organes souterrains du jeune fraisier, en arrachant quelques pieds plantés depuis plusieurs jours seulement, on voit poindre déjà à l'extrémité des racines de petites *aiguilles blanches;* ce sont des spongioles qui, en se multipliant et se fortifiant, retiennent la terre tout autour d'elles et faciliteront plus tard la levée en motte de la plante. On conçoit qu'une transplantation faite en motte augmentera dans une progression très-considérable l'émission de nouvelles petites racines nourricières et facilitera admirablement une troisième et dernière transplantation en motte, la mise en place. (*Pom. franç.*, 2e édit.)

Ces opérations, favorables à la vigueur des fraisiers européens, seront d'autant mieux applicables aux fraisiers américains que ceux-ci ont les racines plus ligneuses et moins pourvues de chevelu.

Soins préparatoires. — Aux approches du 15 juin, il faudra songer à établir une deuxième pépinière, parce que les feuilles de fraisiers se rejoignent presque. Une place a été réservée à bonne exposition; on laboure le sol en écrasant les moindres mottes de terre; on le herse à la fourche; on le marche s'il est trop léger; on dresse des planches de 1m 20 de large, séparées par des sentiers de 0m 80; on terreaute. Chaque planche est divisée en cinq rayons espacés à 0m 30. Quelques heures avant la plantation, la pépinière avait été mouillée pour faciliter l'enlèvement. Le moment étant convenable, le jardinier va à la pépinière, il cerne une touffe de fraisier en enfonçant obliquement, à deux reprises, le déplantoir dans la terre à 0m 6 environ du centre de la petite touffe; il fait une légère pesée sur le manche, et la plante arrive avec la motte intacte. Si cette motte est plus forte qu'il ne convient, il fait tomber légèrement de la terre tout autour, jusqu'à ce qu'il ait atteint l'extrémité du réseau des radicelles, puis il rafraîchit les plus longues avec la serpette; dans cet état, la motte peut avoir 0m 10 de diamètre. Il visite les touffes afin de détruire les herbes qui auraient pu germer sous les feuilles, les coulants *si courts soient-ils*, et les feuilles avariées ou jaunissantes. Il place la plante ainsi *habillée* dans une brouette; une deuxième touffe de fraisier est traitée comme la première, et ainsi des suivantes. Toutes prennent rang dans la brouette : sur ce premier lit il ne faut pas en établir un second.

Plantation. — Il vaut mieux opérer le matin jusqu'à huit heures, et le soir depuis cinq heures jusqu'à la nuit. Le jardinier espace le plant de 0m 30 en 0m 30 sur le rayon, les plantes alternent d'un rayon sur l'autre; il fait un trou circulaire au déplantoir, le centre devant correspondre à la marque. Ce trou sera d'un quart plus profond et plus large que ne le comporte la motte du fraisier; moitié de la terre retirée est émiettée et placée sur les bords du trou, l'autre moitié est rejetée sur le sentier. Il place ensuite une petite touffe au milieu du trou, le collet un peu au-dessous de la surface du terrain; il fait couler avec ses mains de la terre dessous et autour de la motte, la tasse et ménage un petit bassin circulaire proportionné au diamètre du feuillage; il fait un deuxième trou à l'une ou l'autre des distances indiquées, il plante de même, et ainsi de suite. Quand tout ce qui était contenu dans la brouette est occupé, le jardinier retourne à la pépinière, il prépare un nouveau lot de fraisiers qu'il traite comme le premier, puis d'autres encore, jusqu'à ce que la planche soit complétée, et il termine cette besogne par une mouillure au *bec* au pied de chaque plante, suivie d'un bassinage général sur toute la planche.

Soins ultérieurs. — Traitées comme il vient d'être indiqué, c'est à peine si les plantes se ressentent de la transplantation; la végétation n'en paraît pas interrompue. Peu à peu on mouille moins souvent, mais en augmentant chaque fois la quantité d'eau, parce que les fraisiers vont toujours en se fortifiant. La végétation doit être soutenue, non excitée. A quinze jours de la plantation, les mauvaises herbes ont déjà paru, les plus anciennes feuilles jaunissent, se tachent : c'est le moment de donner une façon. Il faut esherber, retrancher rigoureusement tous les coulants *jusque près de leur base*, les feuilles avariées, et sans ébranler les touffes; puis on donne une façon très-superficielle à la ratissoire, car si l'outil pénétrait à plus d'un centimètre, il couperait de jeunes racines qui remontent à la surface. Il est bon de mouiller après l'opération terminée, le feuillage étant fatigué d'avoir été tenu en tous sens. On passera en revue les planches autant de fois que l'on verra se produire des coulants et de l'herbe.

Insensiblement on a gagné le 15 septembre; les feuilles des fraisiers se rejoignent, il est temps de les planter une troisième et dernière fois à la place destinée aux porte-coulants.

Plantation à demeure des porte-coulants. — On aura réservé dès le printemps une planche à bonne exposition, bien aérée, préparée à recevoir les porte-coulants, afin de l'amender par des fumiers mi-consommés, qui seront enfouis lors des premiers béchages. Au 1er septembre, labourer de nouveau et *profondément le terrain*, en écrasant toutes les mottes de terre. On plantera vers le 15 septembre. Deux jours avant l'époque arrêtée de la plantation, il sera urgent de herser cette planche à la fourche, lui donner 1m de largeur, la dresser au râteau, tracer un rayon au milieu. Les plantes seront espacées de 0m 50 en 0m 50 dans le rayon. Pour la manière de planter, se reporter à ce qui est dit plus loin au chapitre de la *mise en place des plantes destinées au rapport*.

Les *porte-coulants* sont des plantes *faites*, de force à porter de bons coulants. Le printemps arrivé, on donne à cette plantation les soins prescrits ailleurs. On esherbe, on bine légèrement, on nettoie les touffes de fraisiers, et, chose très-essentielle, on supprime les hampes florales sur tous les pieds des variétés qui rentrent dans le projet de forçage ; car, selon la juste observation de Lelieur, « les fraisiers qui ne fleurissent chaque année « que pendant un laps de temps très-limité émettent « leurs moyens de reproduction l'un après l'autre d'une « manière très-tranchée : d'abord le fruit, puis les cou- « lants ». Toutes les plantes que Lelieur a empêché de fleurir *ont immédiatement produit des coulants.*

Ainsi donc, l'obstacle apporté au développement des fleurs a pour résultat immédiat l'émission plus *hâtée* des coulants. Voilà pourquoi cette suppression des hampes nous paraît nécessaire.

Je sais que les primeuristes de Paris n'ont pas recours à ce moyen, qu'ils laissent les plantes fonctionner à leur guise et emploient les coulants en juillet quand ils sont un peu enracinés ; d'autres éclatent de vieux pieds à la même époque. J'ose croire qu'il y a avantage à opérer plus tôt : on y gagne des plantes plus fortes, plus fertiles.

Si les *porte-coulants* ont été traités comme je viens de le recommander, les coulants se présenteront vers la mi-mai, et dès les premiers jours de juin on pourra les utiliser.

D'après les méthodes anglaises et allemandes qu'on trouvera exposées à la fin de ce traité, la première rosette de chaque coulant est fixée sur la terre d'un petit pot où elle prend racine. Trois semaines après, la jeune plante est transvasée dans des pots plus grands (0^{m} 16), où elle reste définitivement pendant toute la période de la culture forcée.

Nous pensons qu'il pourrait y avoir profit d'essayer en France ce procédé, sur lequel nous ne pouvons, à cette heure, émettre un jugement.

D'après la méthode française en usage, on attend que les coulants soient enracinés sur place pour les enlever : je l'ai dit déjà ; puis, les petits plants sont plantés deux par deux, de 0^m 25 en 0^m 25, en pépinière, d'où ils passent dans des pots fin de septembre.

Je m'écarte un peu de ce procédé ; voici ce que je conseille.

PREMIÈRE PÉPINIÈRE

DES ROSETTES, EN TERREAU SUR COUCHE TIÈDE ET SOUS CHASSIS,

Au commencement de juin.

Nous sommes au commencement de juin. Les coulants ont fait irruption depuis assez de temps ; on n'attend pas qu'ils aient chacun plusieurs rosettes, ce qui rejetterait trop loin ; il suffit que la rosette présente des *mamelons* radiculaires pour l'employer. A cette époque, on a toujours un bout de couche qui a déjà servi, sinon on en *monte* une d'une épaisseur de 0^m 25 de fumier pailleux qu'on charge de 0^m 15 de terreau tassé ayant servi ; on place un coffre ; un intervalle de 0^m 20 à 0^m 25 est ménagé entre le dessus du terreau et le châssis. On pique les jeunes rosettes deux par deux dans le même trou, de 0^m 12 en 0^m 12 sur la ligne, et les lignes espacées entre elles de 0^m 12 également. On bassine après, on *étouffe* avec le châssis, dont le verre doit être fortement *brouillé*. On ombre davantage, s'il y a nécessité, pendant les heures les plus chaudes. La reprise se fait vite. Quand on a acquis la certitude qu'elle est produite, on donne de l'air progressivement, on bassine selon le besoin et on dépanneaute au bout de peu de jours. Les jeunes plantes seront dorénavant exposées à l'air libre. Trois semaines après la plantation, elles peuvent être transplantées.

DEUXIÈME PÉPINIÈRE

DU JEUNE PLANT, EN PLANCHE A L'AIR LIBRE,

Vers le 1er juillet[1].

Soins préparatoires. — Aux environs du *1er juillet*, il faudra songer à établir une deuxième pépinière, parce que les jeunes fraisiers ont besoin de plus d'espace. Une planche aura été réservée à bonne exposition et convenablement amendée de fumier mi-consommé. On la laboure en écrasant toutes les mottes, on la herse à la fourche, on la dresse au râteau ; on répand dessus 0^{m} 08 de bon terreau neuf, qu'on mêle à la fourche avec le dessus de la terre; puis on marche si le sol est léger, et on *ratèle* de nouveau. Cette planche de 1^{m} de largeur, reçoit cinq rayons espacés entre eux de 0^{m} 25.

Quelques heures avant la plantation, la pépinière aura été mouillée pour faciliter l'enlèvement; le moment étant convenable, on va à la pépinière, on cerne un seul pied de fraisier, en enfonçant obliquement une spatule en fer dans la terre, à deux reprises, à quelques centimètres du collet. On fait une légère pesée sur le manche de l'outil, et le petit plant arrive avec sa motte intacte. Si cette motte est plus forte qu'il ne convient, on fait tomber légèrement de la terre tout autour, jusqu'à ce qu'on ait atteint l'extrémité du réseau des radicelles, puis on *rafraîchit* les plus longues avec une

[1] J'ai déjà donné la raison d'une deuxième pépinière.

serpette; dans cet état, la motte peut avoir 0m 06 de diamètre. On supprime les feuilles avariées, on place après la petite plante ainsi *habillée* dans un panier plat ou sur une tablette portative. Un deuxième fraisier est traité comme le premier, et ainsi des suivants. Ils prennent tous rang dans le panier les uns contre les autres : il faut se garder d'établir un deuxième lit sur le premier.

Plantation. — Il vaut mieux opérer le matin jusqu'à huit heures, et le soir depuis cinq heures jusqu'à la nuit. Le jardinier espace le plant de 0m 25 en 0m 25 sur le rayon, alterné d'un rayon à l'autre; il fait les trous soit avec une spatule, soit avec la main, et à mesure qu'il plante un fraisier (son collet plutôt un peu au-dessous qu'au niveau du terrain), il fait couler de la terre fine au-dessous et autour de la motte, la tasse avec les mains et ménage un petit bassin proportionné au diamètre des feuilles. Quand tout ce qui était contenu dans le panier est planté de la manière que je viens d'indiquer, il donne une assez bonne mouillure à la pomme et retourne à la provision. Il recommence à enlever un nouveau lot de fraisiers qu'il traite comme le premier, puis d'autres encore, jusqu'à ce que la planche soit complétée. Cette pépinière ne sera pas ombrée. Les plants ne doivent pas faner jusqu'à la reprise.

Soins ultérieurs. — Traitées comme il vient d'être indiqué, c'est à peine si les plantes se ressentent de la transplantation, la végétation n'en paraît pas interrompue. Peu à peu on mouille moins souvent, proportionnant le volume de l'eau à l'état du terrain et à la force des fraisiers. A quinze jours de la plantation, les mauvaises herbes ont déjà paru, des feuilles jaunissent, c'est le moment de donner une façon. Il faut esherber, retrancher les feuilles avariées et les coulants jusque près de leur base, si par hasard on en apercevait ; puis on donne à la ratissoire, mieux à la main, une façon à la terre, car il ne faut pas pénétrer avant, on couperait les jeunes racines qui remontent à la surface. Il est bon de mouiller après l'opération terminée, le feuillage étant fatigué d'avoir été tenu en tout sens. On passera la planche en revue autant de fois que l'on verra se produire des coulants et de l'herbe, et l'on n'oubliera pas que, *s'il est bon de soutenir la végétation, il ne faut pas l'exciter.*

OPÉRATIONS DE L'EMPOTAGE.

Les fraisiers, depuis le 1er juillet, ont séjourné deux mois et demi environ dans leur seconde pépinière, car nous avons gagné le 15 septembre ; c'est le moment de les empoter, afin qu'ils aient le temps de *reprendre* et d'émettre de nouvelles racines avant le froid.

Nature de la terre. — La terre destinée à l'empotage aura été préparée un peu à l'avance ; elle sera composée de deux tiers de bonne terre franche, souple, douce au toucher ; d'un tiers de terreau de fumier consommé, avec addition de sable ou de terre de bruyère, en quantité suffisante pour rendre ce compost poreux, perméable à l'air et à l'eau. La remuer plusieurs fois pour mêler les doses.

Enlèvement des fraisiers de la pépinière. — Habillage. — La place étant choisie à l'ombre, entouré de la terre préparée et des pots, le jardinier va à la pépinière, qui a été à l'avance convenablement mouillée, il cerne un pied de fraisier à 0m 08 autour de son collet, en enfonçant le déplantoir un peu obliquement dans le sol, ayant soin, chaque fois qu'il retire l'outil, d'appuyer sur le manche en *dehors* du cercle, car, sans cette précaution, la motte pourrait se fendre, se séparer même ; puis il glisse le déplantoir sous les racines, fait une pesée sur le manche, et la plante arrive avec sa motte. Cette motte est plus grosse qu'il ne convient ; elle ne doit avoir que 0^m 11 en hauteur et largeur ; il la réduit en faisant tomber avec les mains de la terre tout autour ; il rafraîchit l'extrémité des radicelles avec une serpette, il visite ensuite cette touffe de fraisier, il supprime les coulants si par hasard il s'en trouvait ; il agit de même à l'égard des feuilles jaunes ou avariées ; puis après, il place sa plante dans une brouette. Un second fraisier est traité comme le premier, et ainsi de suite jusqu'à ce que le fond de la brouette soit garni. Ce serait mauvais d'établir dessus un second lit de plant ; puis il se dirige vers le lieu choisi pour l'empotage.

Empotage. — Voici comment cette opération doit se faire. On prend des pots de 0^m 16 de diamètre. S'ils ont déjà servi, on en nettoie la paroi. On place sur le trou du pot un tesson assez large pour le couvrir, une petite poignée de petits par dessus, en évitant de le déplacer, et sur le tout un mince lit de mousse destiné à empêcher la terre de se mêler au drainage. Le fraisier craint beaucoup l'humidité *stagnante* et dépérit quand l'écoulement de l'eau ne se fait pas bien [1].

Ces préparatifs étant faits, on place un seul fraisier au milieu du pot, ayant soin que le collet soit presque au niveau du bord ; on fait couler de la terre sous la motte et tout autour ; on donne plusieurs secousses au pot, afin que la terre nouvelle fasse naturellement son

[1] Les Anglais recommandent de répandre un peu de suie par-dessus le lit de mousse, ce qui empêche, assurent-ils, les lombrics (verts de terre) qui s'introduisent par le trou du pot de pénétrer dans la terre.

effet et pénètre entre toutes les racines ; on la tasse un peu. Après avoir empoté un certain nombre de plantes, on promène vivement un arrosoir à pomme fine sur le lot empoté ; on laisse imbiber l'eau, puis on recommence à deux ou trois reprises interrompues par un léger intervalle. De cette manière, l'eau pénètre jusqu'au fond du pot et la surface reste unie. Savoir parer son ouvrage est un don refusé à beaucoup trop de jardiniers. Après ce premier lot un second, et ainsi de suite jusqu'à la fin.

Les fraisiers mis en dépôt. — L'empotage est terminé ; il s'agit maintenant de trouver une place aux fraisiers, où ils resteront en dépôt jusqu'au moment du forçage. Ce qui leur convient le mieux est un emplacement découvert ; l'abri d'un mur ou de toute autre construction leur renverrait trop de chaleur, les plantes sècheraient trop fréquemment et se développeraient peu. C'est l'opinion de M. Tatter. Le terrain ayant été nettoyé, on le couvre d'une légère couche de cendres de houille et de gros sable de rivière, puis on place les pots en laissant un intervaille de 0^{m} 10 entre eux.

Soins ultérieurs jusqu'au forçage. — Cette pépinière d'un nouveau genre demande à être visitée souvent ; il faut bassiner tous les jours s'il fait chaud et jusqu'à la reprise, qui s'accomplit vite. Le feuillage ne doit pas faner.

Octobre arrive, les nuits sont longues et fraîches, le soleil a perdu beaucoup de sa force, les fraisiers ne végètent presque plus. Toute mouillure doit être suspendue, sauf dans certains cas exceptionnels. S'il survient une série de pluie, on couche les pots sur le côté (la plante opposée à la direction d'où arrive la pluie, pour l'empêcher d'être *noyée*). On les relève après.

Dès la fin d'octobre il peut survenir des gelées de 3° et 4°, il faut les prévenir en répandant sur les pots des feuilles sèches ou de la litière. Le travail radiculaire s'accomplit encore; il pourrait être préjudiciable de l'arrêter. Le froid passé, on découvre. Si le temps tournait sérieusement à la gelée en novembre, on enlèverait toute la poterie et on la placerait dans un coffre entouré *d'accots* et recouvert de châssis. Pendant le jour, on donnerait de l'air le plus possible toutes les fois que le temps le permettrait, et la nuit on étendrait des paillassons sur les châssis, seulement si le froid augmentait.

PREMIER FORÇAGE. — FORÇAGE LE PLUS HATIF EN SERRE A ANANAS.

(Début, 15 novembre. — Récolte, fin de février, au commencement de mars et jusqu'au 15 mars.)

Pourquoi la serre à ananas convient peu au forçage. — Chaque jour me fortifie davantage dans cette conviction que, pour arriver à la perfection de la culture forcée d'une plante, pour en obtenir un bon produit, *il faut l'élever à part.*

Au sujet de l'introduction des vignes dans des serres à ananas ou serres chaudes à plantes ornementales, je disais dans une autre publication de moi[1]: « Ce mode de « culture me paraît devoir être peu recommandé, et « en voici la raison bien simple : il est évident que ces « vignes seront subordonnées au régime soit des ana- « nas, soit des autres végétaux de serre chaude. Ne

[1] *Culture forcée de la vigne par le thermosiphon.* — A. GOIN, éditeur.

« doit-on pas sacrifier le moins au plus ? Elles subiront « un traitement qui n'est pas précisément le mieux « approprié au but qu'on recherche. » Cette remarque serait appliquée, s'il est possible, avec plus de justesse au fraisier, qui a besoin, au début de son bourgeonnement, d'une température une fois plus basse que la vigne. J'ai forcé des fraisiers en serre à ananas, je n'ai jamais été très-satisfait du résultat.

Voyons maintenant l'opinion d'un praticien anglais très-compétent, de Mac Ewen, quand il était jardinier du duc de Norfolk au château d'Arondel :

« Comme, en général, les serres à ananas ne sont pas « favorables à la culture du fraisier, et qu'une tempé- « rature plus basse, celle, par exemple, de la serre à « forcer le pêcher, est plus convenable, je dirai en peu « de mots les inconvénients de la serre à ananas, afin « qu'on puisse en tirer le meilleur parti.

« Ses inconvénients sont : 1° une chaleur trop vive ; « 2° une trop grande humidité, surtout à l'époque où « le fraisier va *nouer ;* 3° et, par ces causes, le parfum « du fruit altéré. Il faut aussi considérer la position dans « laquelle on place les pots, et qui aggrave le premier « de ces inconvénients (la chaleur trop vive). On les « dépose contre le mur du fond, à 0^m 50 environ des « verres, sur des tablettes mobiles. Pour combattre cette « chaleur excessive, on laisse une petite ouverture « très-étroite dans le haut de la serre, afin de laisser « pénétrer l'air extérieur. Cette aération est très- « nécessaire, car il en résulte que les fraisiers sont en- « tourés d'air chaud en circulation, et par ce moyen on « obvie au deuxième inconvénient (l'excès d'humidité) « que nous avons signalé ; car l'air humide, lorsqu'il « n'est pas stagnant, est moins à redouter, et lorsque « le sol de la serre est maintenu un peu sec pendant la

« floraison, et qu'en même temps on met l'air en mou-
« vement, la fécondation se fait mieux. » (*Broch. citée*, p. 3.)

Malgré tout, si on possède une serre à ananas, on pourra y placer des fraisiers, sorte de *culture dérobée*. Ils produiront des fruits moins parfumés et en moindre quantité que ceux élevés en bâche, mais ils n'auront rien coûté.

Introduction des fraisiers dans la serre et culture (15 novembre). — On nettoie d'abord les pots, on donne une façon superficielle à la terre, on retranche les feuilles *les plus avariées*; les anciennes seront supprimées *seulement quand il y en aura de nouvelles*. Vers *le 15 novembre*, on place les pots sur les tablettes de la serre, en laissant entre eux un intervalle de 0^{m} 08. On arrose suivant le besoin, se rappelant que la terre *ne doit jamais sécher absolument*; on aère autant que possible, sans pourtant porter le moindre préjudice aux ananas. Les fraisiers leur sont subordonnés. Au moment de la floraison, activer le courant d'air chaud, supprimer les arrosements. Dans le cas pourtant où le pot sècherait trop, répandre un peu d'eau sur la terre, au bec de l'arrosoir, en ayant soin de ne pas mouiller la plante, de préférence par un jour clair, et au moment où les châssis sont soulevés.

Après la fleur, quand la fraise est *nouée*, on donne une bonne mouillure, et l'on continue à tenir la plante humide sans excès. Un procédé, que je n'ai pas mis en pratique ni vu appliquer, mais que je crois bon, est indiqué par Mac Ewen. Il s'agit de transporter les pots de fraisiers de la serre « sous châssis, ou en serre froide,
« aussitôt que le fruit est coloré, et de leur donner autant
« d'air que le temps le permet, les *dépanneautant* s'il

« fait beau. De cette manière, le parfum du fruit est « porté à sa perfection. » (*Broch. citée*, p. 4.)

Pour empêcher les hampes de se coucher sur les pots, on peut les soutenir dans une position oblique, avec de petites fourches de bois.

Je conseille, pour le forçage le plus hâtif, les variétés *May-Queen* et *Marguerite*.

DEUXIÈME FORÇAGE. — FORÇAGE HATIF EN BACHE CHAUFFÉE AU THERMOSIPHON.

(Début, 20 décembre. — Récolte, 15 mars (douze semaines) et jusqu'au 1er avril.)

Préparatifs précédant immédiatement le forçage. — (Montage de réchauds, moussage, habillage, panneautage.) Chacune de ces opérations va faire le sujet d'autant de petits paragraphes.

Il faut d'abord arrêter l'époque où on commencera ce forçage, la date précise. En prenant le 20 décembre pour point de départ, on est à peu près sûr d'obtenir une bonne récolte, et la qualité désirable, au 15 mars. Ainsi, un intervalle de douze semaines séparerait le début du forçage de la première *cueillette*. On pourrait gagner une semaine en élevant la température ; mais il y a avantage à conduire très-lentement le chauffage jusqu'à la floraison et même pendant sa durée, et de la manière dont elle sera comprise dépend le succès ou l'échec. Je vais suivre pas à pas cette culture, entrer dans les détails que mon expérience ou celle des autres a pu me fournir. Me conformant au plan que j'ai adopté et décrit dans le traité de la *Culture forcée du melon et du concombre* et dans celui de la *vigne*[1], je dirai peu de mots des forçages

[1] Auguste GOIN, éditeur. — Prix de chaque Traité : 1 fr. 25.

ultérieurs, car qui peut le plus peut le moins, et si l'on sait bien gouverner la *première saison*, à plus forte raison dirigera-t-on convenablement les autres à des époques où les jours deviennent de plus en plus longs, et le soleil plus *haut* et plus souvent visible.

Devant allumer le fourneau le 20 décembre, il faut que toutes les opérations préparatoires soient terminées à cette date; on calcule le terme nécessaire afin d'être prêt à l'heure.

1° *Montage des réchauds.* — La bâche dont nous avons donné la figure page 9, est entourée d'un réchaud de feuilles ou de fumier, ou mi-partie des deux, peu importe. Inutile de rappeler ici la manière de monter un réchaud, enseignée dans tous les traités de culture maraîchère. Mais comme à Paris l'on ne se sert pas de feuilles, ou très-peu, je dirai que si l'on emploie ces dernières, et qu'elles soient bien sèches, il faudra les mouiller beaucoup lit par lit, à mesure qu'on *monte*, car, si elles manquent d'humidité, la fermentation ferait défaut, et alors point de chaleur. On n'aurait plus de réchauds, mais simplement des accots. On donnera au grand réchaud 0m 80 de largeur à sa base et 0m 50 vers le sommet; il doit être élevé jusqu'à *fleur* des châssis.

2° *Moussage.* — Le réchaud *monté*, il faut mousser l'encadrement de la bâche et les barres (ou jets d'eau). Voici comment j'ai expliqué l'opération du *moussage* dans la *Culture forcée de la vigne*, fort usitée dans tous les établissemeuts des primeuristes français, et appliquée à tous les genres de culture :

On fixe de loin en loin, sur le champ des planches de l'encadrement de la bâche, des clous d'épingle à tête plate (pointes de quarante à dix-sept); on tend du fil de fer n° 6, d'une pointe à l'autre, en l'enroulant autour de chacune d'elles. On glisse sous ce fil de fer, et par petites poignées, de la mousse très-souple, un peu humide et débarrassée de tout corps étranger. On la fait déborder un peu en dehors et en dedans, puis on finit d'enfoncer les pointes; et la mousse, retenue par le fil de fer, se trouve aplatie et fixée sur le bois.

Il résulte du *moussage* que les châssis ferment presque hermétiquement, et que dès lors la chaleur est plus concentrée.

3° *Habillage des fraisiers; panneautage.* — Au moment d'introduire les pots dans la bâche, on les visite un à un; on donne une façon superficielle à la terre; on retranche les feuilles *les plus avariées*; on attend, pour supprimer les anciennes, *que de nouvelles se soient produites.* La toilette terminée, on place les pots sur les gradins, laissant entre eux un intervalle de 0m 08, et on recouvre immédiatement avec les châssis. On aura dû, avant l'introduction des pots, hausser le gradin de façon qu'il n'y ait qu'un léger intervalle entre la surface des plantes et le verre.

Début du forçage (20 décembre). — Bien que l'art du forçage fût presque à son enfance à l'époque où parut le *Nouveau la Quintinye*, le Berriays sut y formuler des préceptes dont il n'est jamais permis à un primeuriste de s'écarter, sous peine de faire fausse route.

Voici quatre axiomes qui lui appartiennent; je les ai cités dans la *Culture forcée de la vigne*, il est utile de les citer encore :

1° La chaleur qui convient aux arbres forcés doit être analogue à celle qui leur suffit à l'air libre pour parcourir successivement toutes les phases de leur végétation.

2° *Ce n'est pas d'une grande chaleur que dépend le succès des arbres forcés, mais d'une chaleur soutenue et graduée.*

3° *La température doit être plus élevée le jour que la nuit.*

4° *Si la chaleur est nécessaire pour avancer les arbres, l'air ne l'est pas moins pour entretenir leur vigueur.*

La foliation du fraisier se manifeste à la température moyenne continue de 4° à 5°. Selon M. le comte de Gasparin, elle est de 9° 5 pendant la floraison, de 17° 8 pendant la maturation.

Nous conseillons cette progression de chaleur, tout en élevant un peu la température durant chacune de ces périodes.

Ainsi, du 15 décembre (notre point de départ) jusqu'au 5 février, c'est-à-dire, pendant les sept premières semaines, on cherche à obtenir en moyenne, et *progressivement*, de 8° cent. à 14° cent. le jour, de 6° cent. à 10° cent. la nuit. — Pendant la floraison (du 5 février au 15, dix jours), 15° cent. le jour, 12° cent. la nuit. — Après la floraison, et jusqu'à la maturité, *progressivement*, de 18° cent. à 22° cent. le jour, de 14° cent. à 18° cent. la nuit.

Quand le soleil se montre, il élève momentanément ces diverses températures de quelques degrés; quand, au contraire, le froid fait descendre le thermomètre à plusieurs degrés au-dessous de zéro, on a de la peine à atteindre son taux.

1re Période. — *Début du forçage à la floraison* ; du 20 décembre au 5 février. — Pour éviter les pucerons, il faut, dès le commencement du forçage, faire, à plusieurs reprises, des fumigations complètes de tabac, et répéter dès qu'on aperçoit les moindres traces.

M. Tatter fait justement observer que les écraser à la main serait une détestable opération, puisqu'elle laisserait une couche visqueuse sur les tissus et en arrêterait la transpiration.

Il faut arroser avec la plus grande précaution au début, et la raison en est toute simple : la plante n'a pas *bougé*; mais dès que la végétation est *partie*, on augmente la dose de l'eau; à mesure que la température s'élève, l'humidité doit être plus forte et le degré de l'eau mis en rapport avec la chaleur de la bâche. On doit maintenir continuellement humide le sol dans la bâche, bassiner les tuyaux, car si l'air intérieur était trop sec, l'araignée rouge[1] pourrait s'y développer.

Il faut aérer *le plus longtemps possible*, en soulevant les châssis plus ou moins, selon le temps. Il faut qu'il ne dégèle pas au soleil pour être dans l'impossibilité d'aérer. Quand la fermentation du réchaud ne donne plus la chaleur convenable, on l'obtient par un chauffage modéré. Il faut chauffer de grand matin afin de pouvoir *découvrir* (enlever les paillassons) dès le jour, *malgré les plus grands froids*, — et vers trois heures on chauffe de nouveau, ce qui permet de *couvrir* (remettre les paillassons) très-tard et de profiter ainsi de la plus grande somme possible de lumière. Les jours, à l'époque où nous sommes, sont très-courts; il ne faut rien en perdre, on n'ombre jamais par le soleil; la végétation doit marcher comme à l'air libre. Nous répéterons qu'on doit chercher à se rapprocher le plus de la température moyenne et progressive suivante : de 8° cent. à 14° cent. le jour, et de 6° cent. à 10° cent. la nuit.

[1] Je ne connais pas ce petit animal, est-t-il réellement du genre araignée? Si j'ai dit que dans telle circonstance il pouvait se développer et causer des dégâts, c'est d'après le témoignage de MM. Mac Ewen et Tatter.

On ne doit jamais laisser séjourner la neige sur la bâche : il faut l'enlever et l'emporter dès qu'elle a cessé de tomber. S'il neigeait le matin au moment où l'on doit découvrir, l'opération n'en devrait pas être retardée pour cela. Les paillassons seraient retirés avec la neige qui les couvre et secoués loin de la bâche.

Telles sont les conditions d'une bonne culture.

2e Période. — *De la floraison à la défloraison* ; du 5 au 15 février. — Nous avons atteint le 5 février; à cette date les fraisiers doivent entrer en fleur. On baisse les gradins de la bâche (*voir la figure*); la température moyenne sera de 15° cent. le jour, de 12° cent. la nuit, et l'on établit le plus long et fort aérage possible, en maintenant toutefois le degré de chaleur qui vient d'être indiqué. Si le froid est vif et le vent au nord, on ouvre très-peu les châssis et on applique contre les ouvertures de la grande litière, pour que l'air extérieur ne frappe pas directement les plantes.

Les arrosements et les fumigations de tabac sont suspendus jusqu'à ce que la floraison soit terminée.

J'ai toujours laissé les hampes se diriger à leur gré. M. Tatter agit de même; voici ce qu'il dit (*livre cité*, p. 3) : « Quelques jardiniers assujettissent le sommet des « hampes après la défloraison à de petits tuteurs, dans « le but de leur procurer plus d'air, plus de lumière, « et de les préserver de la pourriture. Je ne puis approu- « ver cette opération, qui a pour elle une apparence de « bonne culture. Les hampes doivent conserver la posi- « tion horizontale qu'elles ont naturellement, et les « fruits, de cette manière, grossiront plus et seront de « plus belle apparence que s'ils étaient assujettis. Le « fraisier demande à ramper, ce que mot *Erdbeere* (fruit « terre, baie de terre) indique déjà. Si on a conservé

« entre chaque pot une distance de 0^m 10, les fleurs « auront assez d'air. Le point principal est que le soleil « pénètre. »

3e Période. — *Du fruit noué à la coloration* ; du 16 février au 8 mars. — Lorsqu'on aperçoit un gonflement extraordinaire du réceptacle, c'est que la fraise *est nouée.* Dès lors, on augmente la température ; son degré maximum sera d'abord le jour de 15° cent., et vers la fin de 22°. — La nuit, d'abord de 14°, et vers la fin de 18°. Les dernières fleurs flétries, on donnera aux fraisiers une mouillure complète, le matin par le soleil. L'arrosage devient maintenant très-salutaire, parce qu'il accélère le gonflement du fruit. — Le 8 mars, les fraises commenceront à rougir ; dans huit jours, il y en aura de mûres. Pendant ce laps de temps on arrose peu, afin de ne pas enlever du parfum, mais on doit maintenir le sol humide. Durant toute cette troisième période, l'aérage aura été fort, d'abord moins que pendant la floraison.

De la coloration à la maturité, et de celle-ci à l'épuisement de la récolte ; du 8 mars au 1er avril. — Les fraises commencent à se colorer le 8 mars, elles sont mûres le 15 ; on redonne plus d'air, comme à l'époque de la floraison. Si le soleil est très-chaud, on ouvre les châssis alternativement par le haut et par le bas, pour établir de forts courants d'air, ce qui ajoute à la qualité du fruit ; on mouille avec discernement. S'il y a des jours froids et sombres, on maintient la température entre 20° et 22° cent.

Le même traitement pendant toute la durée de la cueillette, c'est-à-dire jusqu'au 1er avril.

Enlèvement des plantes épuisées. — Nous voici au 1er avril, la récolte est à peu près terminée, on enlève les fraisiers de la bâche. On aurait tort de les jeter; j'en ai donné qui, mis immédiatement en pleine terre à de bonnes distances, et dans un sol bien préparé, ont fait des touffes magnifiques, ont donné dès août quelques fruits et le printemps suivant une récolte fort belle.

On peut aussi essayer, sur un certain nombre, de leur faire produire une deuxième récolte en pleine terre à l'automne. Voici comment on agit à l'égard de ces derniers. Retirés de la bâche, on les dépose dans une partie du jardin où on les garantit du froid s'il en survient; ils restent là jusqu'à la mi-mai; le travail ultérieur se trouvera décrit à la fin de ce traité dans un chapitre spécial, car ici il ne serait pas à sa place.

Troisième forçage (en comprenant celui en serre chaude), ou deuxième forçage sous bache chauffée au thermosiphon.

J'ai déjà dit que si l'on sait bien gouverner le premier forçage sous bâche, à plus forte raison dirigera-t-on convenablement les suivants à une époque où les jours allongent de plus en plus, et où le soleil est plus chaud et plus souvent visible.

Mon intention n'est donc pas d'entrer dans les détails circonstanciés sur les opérations de ce deuxième forçage sous bâche, qui commence vingt-cinq jours après le premier. En raison de la saison plus avancée, onze semaines au plus, au lieu de douze, suffiront dès son début à la maturité.

La même température sera maintenue à chacune des périodes végétatives, et toujours progressive; mais le soleil, qui aura de plus en plus d'action, élèvera souvent cette température de plusieurs degrés. Les châssis seront soulevés plus haut en mars et avril, et ombrés même pendant les quelques heures les plus chaudes. Les seringuages et arrosages plus fréquents, plus abondants. En un mot, si on lit attentivement les instructions du premier forçage; si on s'en pénètre, si on les applique au second avec les modifications que comporte une saison plus rigoureuse au début, plus chaude à partir de la floraison, on réussira, et la récolte de cette saison sera plus abondante.

Les variétés que je recommande pour ce deuxième forçage sous bâche sont : ***Marguerite***, ***Constante*** (*la*), ***Sir Harry***.

EMBALLAGE DES FRAISES.

Si l'on examine avec un peu de soin des fraises appartenant à des variétés différentes, on s'aperçoit que les unes sont couvertes d'une quantité d'achaines (graines des jardiniers) très-saillants, très-rapprochés ; — les autres, d'achaines clair semés et nichés en outre dans la chair au fond de petits alvéoles. — Les premières supporteront mieux le transport. — Parmi celles dont la chair se boursouffle entre les achaines, je citerai surtout *Victoria* (Troll.), tellement délicate, qu'il faut renoncer à l'expédier. — Quoi qu'il en soit du nombre et de la position des achaines, de la nature beurrée ou très-juteuse de la chair des fraises, on peut affirmer que de tous les fruits de nos tables, il n'en est pas de plus susceptibles d'altération.

J'ai vu à Paris, sur les marchés et aux étalages des marchands fruitiers, des fraises arrivées de Provence dans des petits pots de grès, ou de Bordeaux dans des corbeilles d'osier. La plupart de ces fraises étaient avariées.

Voici le mode d'emballage qui paraît être le meilleur. Il est long, assez dispendieux, aussi ne convient-il qu'aux fraises de primeur. — Prendre des godets (petits pots sans rebords) du diamètre de 0^m 06 à 0^m 09, en tapisser le fond et la paroi de feuilles fraîches de fraisier, les remplir de fraises très-fraîches *juste mûres*, munies de leurs calices et placées une à une de manière à ce qu'il y ait le moins de vide possible; — former un léger bombement au-dessus des godets, les couvrir de deux épaisseurs de feuilles molles de fraisier ou de vigne, puis de papier, fixées aux godets par de petites ficelles. — Il reste à déposer tous les godets les uns contre les autres dans de petites caisses en volige de sapin ou de peuplier, de 0^m 30 carrés, hautes de 0^m 12. Tamponner entre les godets avec des rognures de papier, répandre une légère couche de ces rognures sur les godets, et enfin fixer le couvercle.

Si ces caisses ne sont ni secouées ni retournées sens dessus dessous dans les voitures publiques et les waggons, si ce trajet peut s'effectuer au maximum d'un jour à l'autre... alors les fraises arriveront à bon port.

IIIe PARTIE. — RENSEIGNEMENTS GÉNÉRAUX

Renseignements applicables au premier forçage sous bâche.

1° AIR, CHALEUR, LUMIÈRE.

Air.....
- 1re Période. — Début du forçage à la floraison (du 20 décembre au 5 février). Aérer le plus longtemps possible.
- 2e Période. — De la floraison à la défloraison (du 5 au 15 février). Aérer tout aussi longtemps, mais laisser pénétrer une plus grande masse d'air.

Air..... 3e Période...
- A. Du fruit noué à la coloration (du 15 février au 8 mars). Moins d'air que pendant la floraison.
- B. De la coloration à la maturité (du 8 mars au 1er avril). On redonne plus d'air comme à l'époque de la floraison et pendant toute la durée de la récolte.

Chaleur.

- 1re Période. — Début du forçage à la floraison (du 20 décembre au 5 février). En moyenne et progressivement de 8° à 14° cent. le jour, 6° à 10° cent. la nuit.
- 2e Période. — De la floraison à la défloraison (du 5 au 15 février). 15° cent. le jour, 12° la nuit.
- 3e Période.
  - A. Du fruit noué à la coloration (du 15 février au 8 mars). Chaleur ascendante le jour de 15° à 22°, ascendante la nuit de 14° à 18°.
  - B. De la coloration à la maturité (du 8 au 15 mars). 10° à 22° le jour, 16° à 18° la nuit et pendant la durée de la récolte.

Lumière. — La plus vive et le plus longtemps possible. Découvrir au jour et couvrir la nuit.

2° ARROSEMENTS.

Eau.

- 1re Période. — Début du forçage à la floraison (du 20 décembre au 5 février). L'eau à 13°. Arroser d'abord les pots avec un grand ménagement; quand la végétation est *partie*, augmenter. Bassiner les tuyaux quand ils sont chauds.
- 2e Période. — De la floraison à la défloraison (5 au 15 février). Eau à 15°. Tenir le sol humide. Arrosements suspendus dans les pots.

Eau.....	3e Période...	A. Du fruit noué à la coloration (15 février au 8 mars). Eau à 20°. Arroser peu les pots. Tenir le sol humide. Bassinage sur les tuyaux.
		B. De la coloration à la maturité (du 8 au 15 mars). Eau à 20°. Arroser les pots presque chaque jour, et continuer jusqu'à la fin de la récolte.

Toutes les fois qu'on chauffe, seringuer les plantes matin et soir, excepté pendant la floraison et à l'époque où le fruit va mûrir.

On peut adopter ce principe : *jamais une feuille flétrie, jamais la terre saturée d'eau.*

DES ANIMAUX NUISIBLES.

Souris. — Employer toute son industrie à s'en débarrasser avec des souricières, du poison.

Fourmis. — Quand le fruit commence à mûrir, elles causent presque autant de dégâts que les souris. Il faut chercher leur habitation pour les détruire, et, pour plus de sûreté, on pourrait soufrer un peu le plant afin de les éloigner. Ce dernier moyen est indiqué par Mac Ewen. Je ne l'ai pas employé et je ne puis le garantir; il faudrait toutefois opérer avec soin pour ne pas altérer la qualité du fruit.

Chenille verte. — (Le nom de l'insecte parfait, je l'ignore). Je dois dire ne l'avoir jamais rencontrée sur mes fraisiers; mais il paraît qu'elle est assez fréquente dans les forceries anglaises. Il n'y a rien à faire qu'à la découvrir et la tuer.

Puceron vert. — Les fumigations de tabac et les seringuages avec du jus des feuilles de la même plante sont les moyens les plus sûrs et les plus prompts pour le détruire.

Araignée rouge. — L'air sec lui est favorable. Quand les plantes sont bien cultivées dans une atmosphère un peu humide, elle n'apparaît pas; je ne l'ai jamais observée dans mes cultures; je ne prétends pas, par ce seul fait, me donner un brevet de capacité. Il paraît qu'on la redoute beaucoup dans les cultures anglaises et allemandes. Mac Ewen emploie pour la détruire des lavages et des seringuages avec de l'eau soufrée ou savonneuse.

Renseignements pour les expositions.

Par Mac Ewen [1].

Lorsqu'on prépare des fraisiers pour une exposition, il faut une grande prévoyance et un grand soin, d'autant que les fraises mûrissent rapidement et passent plus vite que la plupart des autres fruits, surtout dans les serres chaudes. J'en ai vu mûrir deux jours après le commencement de la coloration, et, si le temps est variable, la différence de deux jours couverts ou clairs trompe tous les calculs. Le plus sûr est d'avoir un grand nombre de plantes et de les placer à des expositions chaudes ou fraîches, selon leur degré de développement. Si on n'a qu'un petit nombre de plantes, on peut dans chaque pot découvrir ou abriter les fruits avec du papier et des petits piquets.

[1] *Fruit, culture*, etc., nº 1er. *The Strawberry*, p. 24.

Ces soins minutieux, pour retarder ou avancer le fruit, sont utiles pour la préparation des plantes élevées en pot, afin d'obtenir une grande quantité de fruits mûrs sur la même plante. J'ai eu, par ce moyen, jusqu'à trente fraises mûres sur le même pied.

Dans une culture très-soignée, il arrive que des fruits grossissent d'une manière surprenante; il faut les avancer ou les retarder afin qu'ils soient prêts au jour fixé. Ne cueillez le fruit qu'au dernier moment. Ceux qui demeurent près du lieu de l'exposition ont un grand avantage sous ce rapport, car le fruit aura plus de fraîcheur.

Lorsqu'on prépare des fraises pour une exposition, il est bon d'inspecter toutes ses plantes environ dix jours avant le jour fixé, de choisir les fruits les plus gros, de supprimer quelques-uns des plus petits, de retarder ceux qui seraient trop avancés en les ombrant avec des feuilles ou autrement.

Il y a des variétés, telles que *British Queen*, dont il faut soutenir les fruits sur de petites fourches, afin qu'ils soient bien exposés au soleil. La chaleur seule ne colore pas, mais l'air chaud et la chaleur colorent. Quelquefois il m'est arrivé de retourner les fruits sens devant derrière, mais on risque de briser les pédicelles.

La qualité du fruit, son poids et une belle couleur sont les indices d'une excellente culture. Il arrive qu'on cultive des variétés d'une qualité inférieure, telles que : *Myatt's Mammouth*, *Surprise*, etc., dont le fruit peut peser plus de 2 onces (environ 65 grammes). J'ai produit une fois une fraise de *British Queen* qui pesait 4 onces (125 grammes), le poids moyen de cette dernière est d'une once et demie (45 grammes). Le fruit de *Keen's steedling*, qui, selon moi, est le meilleur des fraisiers pour la culture forcée et de pleine terre, est très-beau lorsqu'il pèse 30 grammes, mais ce poids-là n'est pas une chose à citer. On vend quelquefois les fruits d'une *première saison* 10 schillings l'once (12 fr. 50 c. les 30 grammes)!

Lorsque j'expose des fraises, je les mets dans des paniers peu profonds, d'une forme ovale ou ronde ; je fais au centre du panier un bombement demi-sphérique un peu aplati ; sur ce fond, je mets une couche de coton en carde, ensuite des feuilles molles, souples comme celles du *tussilage*, ou de la vigne, ou du tilleul, et ensuite une couche de fraises séparées entre elles par des feuilles de fraisier ; je les range en cercles concentriques, en commençant par le bord du panier ; je ne recouvre pas le fruit. Les paniers sont placés dans une boîte ventilée, sur des tablettes, et on les transporte directement de la boîte sur les tables ou étagères de l'exposition. Cela vaut mieux que de les déballer et de les dresser sur place. Il va sans dire qu'il faut les faire accompagner par un jardinier qui surveille les caisses, afin qu'elles ne soient pas retournées.

. . . A Arundel Castle, chez M. le duc de Norfolk, les fraises n'étaient pas toujours belles et la terre ne leur est pas favorable. Je me rappelle que, quand j'entrai là chef des cultures, je voulus préparer quelques fraisiers pour une exposition; mais en passant devant un marchand de fruits, à mon arrivée à Londres, la veille de l'exposition, j'y vis à mon grand désespoir des fraises plus belles que celles que j'avais apportées. Je pris donc le parti de ne pas exposer les miennes, et je me décidai à faire de nouveaux efforts pour obtenir mieux. Depuis cette époque mes fruits ont toujours été dignes d'être exposés.

Ici l'auteur énumère les récompenses qu'il a obtenues en 1855.

A la Société d'horticulture de Londres, 3 avril, 1er prix pour un fraisier en pot; — 16 mai, 1er prix pour les trois plus belles corbeilles.

Au Palais de Cristal de Sydenham, 2 juin, 1er prix pour une seule corbeille; 1er prix pour les trois plus belles corbeilles.

A la Société royale de Londres, 13 juin, 1er prix pour les deux plus belles corbeilles. (Cette récompense fut doublée, le fruit étant d'une beauté hors ligne.)

A Brighton, 27 juin, 1er prix pour une seule corbeille. . . Il continue ainsi :

J'ai cité ces faits pour démontrer les avantages des procédés que j'ai essayé de décrire. . . Les expositions sont des faits sans réplique. Il est évident que celui qui expose les plus beaux fruits et les plus belles plantes (si les uns et les autres proviennent de sa culture, ce qui n'arrive pas toujours, du moins en France) « est aussi « celui qui fournira à la table de ses maîtres les fruits « d'une qualité supérieure...

« Il ne faut pas oublier que lorsqu'on veut obtenir « de très-beaux résultats dans notre profession, il faut « affronter plus de nuits sans sommeil, plus de jours « de fatigue, plus de jalousie, plus de travail sans « récompense, plus d'inquiétude et plus d'injustice que « dans la plupart des autres professions; mais on se « console par la satisfaction qu'on a d'avoir atteint un « degré de perfection qui, jusque-là, n'avait pas été « cru possible; d'avoir ajouté un nouveau produit au « produit généreux de la terre : il faut donc ne point se « décourager, mais travailler avec une nouvelle ardeur « pour recueillir les récompenses dues aux efforts et à « la persévérance. »

Renseignements sur le forçage du fraisier au potager de Versailles.

D'après des notes fournies par M. Charles Grison.

Les variétés employées au forçage sont : *Princesse Royale* (Pelv.), *Victoria* (Troll.), *Sir Harry; Marguerite* vient d'être mise à l'essai; *May-Queen*, bien que la plus hâtive de toutes, a un trop petit fruit pour le commerce.

Princesse Royale est forcée dans une proportion très-forte par rapport aux autres variétés. C'est avec cette plante qu'on établit les différentes *saisons*.

Les jeunes plants destinés au forçage sont préparés dès la fin de juillet.

On les pique en pépinière deux ensemble à 0^m25 en tous sens dans le sol du potager bien amendé (ce sol est excellent).

L'empotage commence fin de septembre, commencement d'octobre, dans des pots de 0^m16.

Les fraisiers sont enlevés en motte d'un diamètre de 0^m10.

On ne supprime que les racines détériorées.

La terre qu'on emploie est un mélange de : un tiers terreau, deux tiers terre du jardin, avec addition d'un peu de terre de bruyère.

On la tasse dans les pots sans trop appuyer. L'empotage terminé, les plantes sont déposées dans des coffres qu'on couvre de châssis aux premiers froids. Elles sont tenues plutôt sèches qu'humides.

Le début du forçage a lieu le 15 décembre avec des plantes qui n'ont pas encore végété. Les pots sont introduits à cette date dans les serres à ananas et dans les bâches spéciales au forçage des fraisiers (elles sont chauffées au thermosiphon).

Il n'est pas dans l'usage au potager, de placer les pots dans de petites soucoupes, bien que la chose paraisse à M. Grison devoir être très-bonne. Les fraisiers s'accommodent assez bien du régime des ananas si, quand on les *commence*, la température de la serre n'est pas trop élevée.

Les fraisiers forcés du 15 décembre (soit en serre, soit en bâche) commencent à donner leurs premiers fruits, fin de février. (*Princesse Royale* [Pel.], l'expérience commençait en 1861-62 sur *Marguerite.*)

On peut estimer le produit moyen pendant la durée du forçage, à douze fraises par pots; les plus gros fruits pèsent jusqu'à 35 grammes, et sont-ils rares.

La récolte d'une saison dure quinze jours. Les plantes de la bâche spéciale aux fraisiers reçoivent, du début du forçage à la fleur, 14° cent. le jour, 12° la nuit, pendant la floraison 16° au plus, et après la fleur 20° et 22° même sans crainte.

Le feuillage et la fleur surtout sont tenus le plus sec possible pendant la floraison.

On ne supprime pas une seule hampe dont les fruits sont noués. Les hampes sont toujours *tuteurées* (assujetties à de petites baguettes, petits tuteurs).

Quand la récolte est terminée, on garde une partie des plantes pour faire des coulants; on jette le reste. Les fraisiers destinés à porter des coulants sont plantés sur vieilles couches et à distance. On ne supprime les vieilles feuilles qu'à mesure qu'il s'en produit de nouvelles.

On ne cherche pas à obtenir des plantes forcées en serre ou en bâche, — une deuxième récolte d'automne, sur ces mêmes plantes mises en pleine terre; le produit en est trop faible.

On introduit dans les bâches des lots de fraisiers du 15 décembre au commencement de mars (durant deux mois et demi); autant de lots, autant de saisons.

Il n'y aurait aucun avantage à prolonger au-delà des premiers jours d'avril, car le produit arriverait au moment où les plantes de châssis rapportent.

Culture anglaise du fraisier forcé.

Méthode de Mac Ewen.

(*Fruit culture, the Strawberry.*)

Les meilleures et les plus belles fraises que Mac Ewen ait produites, ont été obtenues sans autres moyens que des coffres ordinaires de jardin et le secours d'une bâche à ananas. Il reconnaît, toutefois, que la serre à forcer le pêcher convient mieux, parce que la température y est basse.

Préparation des coulants. — Au mois de juin, il commence à utiliser les jeunes coulants pour le forçage de l'année suivante, et il continue en juillet. D'abord, il faut parler de la terre, puisqu'il va s'en servir. Le compost qui lui a paru le mieux convenir, se compose de trois quarts de *loam*, provenant du dessous des vieilles pelouses décomposées, d'une nature souple, onctueuse, douce au toucher, un peu *collante*, mais non argileuse; d'un quart de fumier très-consommé, *complétement réduit en terreau*, le tout, mélangé avec un peu de sable et de terreau de feuilles, en quantité suffisante pour que l'ensemble soit poreux et laisse un passage à l'air et à l'eau. Mais il a employé, avec un égal succès, un *loam* riche provenant des couches à melons, auquel il ajoutait un quart de terreau de fumier bien décomposé, et du sable ce qu'il en fallait pour empêcher la terre d'être compacte.

Revenons maintenant aux coulants. Voici la manière de procéder de l'auteur :

Dès le mois de juin donc, il place dans une brouette l'un des composts dont il vient d'être question : un panier rempli de pierres grosses comme des œufs de poule et des godets de 3 à 4 pouces (0^m08 à 0^m11). Après avoir *drainé* chaque godet avec plusieurs tessons et rempli de terre jusqu'au bord, il les place autour et à la portée des plantes mères (les fraisiers en planche); il pince l'extrémité des coulants à mesure qu'ils se développent et met le coulant *sur* la terre du godet en plaçant une pierre tout près de la *rosette* qui en occupe le centre. Cette pierre sert à maintenir le coulant et à conserver l'humidité de la terre. Arroser chaque plante et donner les soins nécessaires.

Au bout de quinze jours à trois semaines, quand les racines tapissent les parois du godet sans être enchevêtrées, il dépote et rempote dans des pots à fructification de 6 pouces (0^m15). Ces pots doivent être bien *drainés*. Mac Ewen insiste sur l'importance du drainage, qu'il faut faire ainsi : un tesson sur le tronc du pot, assez large pour le couvrir, la partie concave tournée sur le trou; autour de ce tesson, d'autres plus petits dans la même position et s'appuyant, par un bout, sur le premier, ce qui donne une grande facilité à l'écoulement de l'eau et empêche l'ouverture de se boucher; par-dessus, une poignée de plus petits fragments, et enfin un petit lit de mousse ou gazon haché, destiné à empêcher la terre de se mêler au drainage; d'ailleurs il sert de nourriture à la plante.

Le fraisier craint beaucoup l'humidité et dépérit

lorsque, par suite d'un drainage imparfait, elle devient constante.

Le pot drainé avec ce soin reçoit la terre bien tassée, *sans excès*. Il faut avoir soin que la terre ajoutée soit de même qualité que celle de la motte du fraisier, de sorte qu'en arrosant la plante empotée, l'eau se répande également dans toutes les parties du pot.

Le collet du fraisier doit se trouver *au niveau des bords du pot*.

On place les plantes ainsi empotées de manière à ce qu'elles reçoivent le plus de jour et d'air possible, et soient abritées du vent. L'emplacement recevra d'abord une couche de cendres de houille.

En *juillet et août*, donner une attention constante au travail des coulants et à un nouvel empotage. Vers la fin de juillet, on rempote *dans des pots de même calibre*, 6 pouces ($0^{m}16$), la moitié des plantes à forcer. Cependant, Mac Ewen place une partie de ses fraisiers dans des pots de 9 pouces ($0^{m}26$), qui finissent par être complétement garnis de racines. Ces derniers sont réservés pour les forçages tardifs.

Il faut détruire les coulants à mesure qu'ils paraissent, et supprimer quelques feuilles *quand elles couvrent le pot*. En août, les racines se montrent contre les parois et à la surface du pot; couvrir alors le dessus de la terre avec des feuilles en décomposition, pour empêcher une trop grande évaporation. On évite ainsi les arrosages fréquents. Seringuer le feuillage pour empêcher l'araignée rouge.

Si, au commencement d'octobre, les bourgeons (les cœurs) des fraisiers en pot ne sont pas *fermes* et *pleins*, placer les pots sous châssis qu'on baissera de bonne heure dans l'après-midi, et qui resteront ouverts le jour.

Si les poteries restent dehors, les coucher de côté par les temps de pluie.

En novembre et décembre, il ne faut pas s'attendre à voir pousser les plantes, *car elles doivent se reposer.* A cette saison, souvent il pleut ou il neige; il est bon de placer les pots sur un *ados* recouvert d'un lit de sable; les plantes dans cette position ne souffrent pas de l'humidité; elles jouissent d'une grande lumière, et, s'il survient des temps très-froids, on les couvre de foin. Les plantes séjournent d'abord quinze jours sous châssis froids avant le forçage.

Du forçage. — En 1855, Mac Ewen a commencé à chauffer quelques pieds de ***Black-Prince*** (Cuth.) dans la deuxième semaine de novembre, et il a récolté des fruits mûrs le 27 février suivant.

Il compte treize semaines dans le premier forçage, à partir du jour où l'on chauffe jusqu'à la maturité.

Ainsi, pour avoir des fruits mûrs dans les premiers jours de mars, il faut commencer les premiers jours de décembre, et ainsi de suite.

Mais la durée du forçage est moindre à mesure que le soleil a plus d'énergie. On peut calculer onze semaines en moyenne.

Les plantes qu'on commence à forcer dans les premiers jours de janvier, devraient donner des fruits mûrs au commencement d'avril (trois mois).

Depuis le moment où l'on chauffe la première fois, jusqu'au moment où le fruit noue, la température doit s'élever la nuit à 55° F. (12° cent.), le jour, de 65 à 75° F. (19 à 25° cent.). — Quand la fleur commence, il faut que l'atmosphère soit sèche et qu'il y ait une circulation d'air. Dès que le fruit est noué, on peut élever la température à 90° F. (31° cent.) le jour, à 65° F. (19° cent.) la nuit, avec de l'air. Ne laisser qu'une douzaine de fruits, des plus gros, par pot.

Mars et avril. — La fin d'avril et le commencement de mai sont les meilleures époques pour amener à sa perfection le fruit sous verre. Il faut donner de l'air, quel que soit le degré de la phase végétative, et éviter la trop forte chaleur. Pour avoir des fruits mûrs fin mai, il faut mettre les plantes sous verre les premiers jours de mars. On peut les disposer sur des tablettes (gradins), en les faisant reposer sur des gazons ou de la terre.

A mesure que la chaleur extérieure augmente, il faut donner plus d'eau.

Fin d'avril, on peut forcer ***British Queen*** et toutes les variétés tardives. Mac Ewen a cueilli de beaux fruits de ***British*** en mars, meilleurs en avril, et excellents en mai.

Mai et juin. — Les planches à fruit sur les gradins des serres doivent être garanties de l'excès d'évaporation. L'eau qu'on répand dans les serres ou sur le chauffage, n'est pas un remède efficace ; il vaut mieux donner un peu d'ombre quand le soleil est trop fort.

Lorsque l'on met en pleine terre à cette époque des plantes forcées (qui ont rapporté), il faut les arroser largement, et bien tasser la terre autour de la motte, qu'on brise un peu en plantant.

Les plantes forcées de bonne heure, et mises en pleine terre, donneront du fruit à l'automne et une bonne récolte l'année suivante.

DES LOCAUX POUR FORCER ET AVANCER.

1° *Châssis froids.* — On peut produire d'excellents fruits sous des châssis ordinaires et sans le secours d'un chauffage, en mettant le fraisier près des verres : mais de cette manière, on récolte peu avant la pleine terre.

2° *Couche chaude.* — Au commencement de mars, on monte une couche à bonne exposition de 0m66 d'épaisseur, en fumier et feuilles, sur laquelle on place des coffres qui reçoivent une forte inclinaison. Dans cette couche, lorsqu'elle est tiède, on enterre les pots jusqu'au bord, en les plaçant à 0m24 du verre. Vers le 15 avril, les plantes seront en fleur, et à ce moment, s'il fait doux, les châssis seront soulevés alternativement par en haut et par en bas, de façon à établir un courant d'air. Lorsque l'époque de la fécondation est passée, on augmente la chaleur en donnant moins d'air, et quand le fruit est sur le point de mûrir, on donne plus d'air, comme au temps de la floraison. L'expérience prouve que, pour forcer tardivement, les couches et châssis conviennent beaucoup mieux que les gradins dans la serre la mieux établie.

Serre à géranium. — On peut utiliser aussi les bâches ou les serres à géranium, qui conviennent très-bien aux fraisiers. On les place sur des gradins mobiles. On peut aussi ne se servir de ces gradins qu'aux époques de la floraison et de la maturité. Si les plantes sont en fleur, il leur faut la position la plus aérée, et quand le fruit grossit et se colore, la plus chaude et la plus humide convient très-bien jusqu'à 100° F. (38° cent.). A l'époque de la maturité, on les soumet à une température fraîche et pourtant douce, avec courant d'air tiède.

De l'arrosage. — C'est une des opérations les plus importantes de la culture ; cependant il est difficile, dit Mac Ewen, de donner des instructions précises ; il faut confier ce travail au même homme, qui finit par savoir exactement ce qu'il faut donner d'eau. Voici quelques conseils généraux :

Par les temps secs et toutes les fois qu'on chauffe, il faut seringuer les plantes matin et soir, excepté pendant la floraison et vers la maturité.

Pendant les premiers mois de l'année et les jours courts, un arrosage par jour serait de trop, tandis que dans les longs jours et par un beau soleil, il faut une *bonne trempée* chaque jour. Il arrive même quelquefois, que par un temps très-sec, deux arrosages sont nécessaires. Le principe est : jamais une feuille flétrie ni la terre saturée d'eau. Mac Ewen a l'habitude d'arroser les pots deux fois par semaine avec de l'engrais liquide (composé de suie et fumier de mouton ; mais le fumier de cheval ou de vache, dit-il, conviendrait aussi bien), depuis le moment où le fruit est *noué* jusqu'à ce qu'il commence à se colorer. Les arrosages au guano paraissent donner trop d'activité au feuillage.

Mac Ewen ne s'est jamais servi de soucoupe sous les pots ; il ne pense pas qu'il y ait de l'inconvénient à les adopter dans les derniers forçages ; mais il place souvent ses pots sur du gazon dans lequel il permet aux fraisiers d'émettre des racines, — s'ils n'ont pas besoin d'être déplacés. Il préfère l'eau de pluie. Il est bon qu'elle soit à la température de la serre où les plantes végètent. Il ne veut pas qu'on prenne l'eau chaude à la chaudière de la serre ; il la fait chauffer à part pour son mélange.

Variétés propres au forçage et à tout usage. — Il reconnaît de grands mérites à ***Keen's seedling***, ***British Queen***, ***Black-Prince*** (Cuth), ***Eleonor***, ***Prolific***, ***Hautbois***. Ce dernier, d'un goût particulier, d'un riche arome.

Les *Hautbois* sont aux autres fraises ce que les muscats sont aux autres raisins. Les connaisseurs estiment beaucoup cette race.

Pour expositions (fruits en corbeilles et *collection de trois, réunion de trois*) : *Alice Maud, Victoria* (Troll.); variété tardive, *Elton*.

Bonne pour conserves, *Groveend, Scarlet.*

Culture allemande du fraisier forcé.

Méthode de M. W. Tatter, jardinier à la cour de Hanovre [1].

Variétés à forcer. — Si l'on compare, dit M. Tatter, les variétés employées au forçage les années précédentes avec celles qu'on force aujourd'hui (en 1861), on doit s'étonner de la différence de grosseur et de bonté. On pourra juger, par le rapide résumé que je donne de la pratique de M. Tatter, qu'au moins, dans les jardins royaux du Hanovre, la culture du fraisier forcée est très-perfectionnée.

L'auteur recommande un choix sévère des variétes. Peu sont propres au forçage; celles qu'il signale ont été éprouvées par lui avec soin.

1° *Pour coffres chauffés par le feu.* — Forçage le plus précoce mi-novembre : *Princess Alice Maud, Sir Charles Napier.* Forçage retardé, janvier : *Keen's seedlind, Sir Harry, British Queen, Comte de Paris* (Pelv.), *Victoria* (Troll.).

[1] *Pratique du forçage des fruits en serre, sous châssis et sur couche, en talus, pour les jardiniers praticiens*, par M. W. Tatter, jardinier à la cour de Hanovre, broch. in-8° de 221 p. avec 46 grav. dans le texte, à Hambourg, 1861. (XI, article *Fraisier*, de la p. 194 à 213.) *Die praktische obst-Treiberei*, etc.

2° *Pour couches et bâches chauffées par la fermentation du fumier.* — Forçage du commencement de février : ***Prince of Wales, Prince Alfred, Princesse Royale*** (Pelv.).

Il importe de ne forcer que des jeunes plants formés de l'année précédente.

1° *Préparation des plantes destinées à être forcées un jour.* — Au 15 juillet, on place des coffres sur une vieille couche dont le terreau est un peu usé. On prend les premiers coulants de l'année, développés sur des plantes d'au moins un an *et de pleine terre.* On plante les *rosettes* de ces coulants sur trois rangs et trois sur la ligne (neuf fraisiers sous chaque panneau); le nombre des châssis se proportionne aux besoins de chacun.

Dans le courant de l'été on donne tous les soins nécessaires pour accélérer une forte croissance (arrosage, binage, esherbage, suppression des coulants); à l'automne, dès qu'il fait trop humide ou trop froid, on panneaute, on aère le plus qu'on peut, on *accote* les coffres avec du vieux fumier. Les fraisiers traversent l'hiver sans avoir souffert.

En mars suivant, on excite la végétation en entourant le coffre d'un réchaud; il importe de supprimer les hampes florales dès qu'elles apparaissent sur ces *pieds mères*, de ménager les coulants et de rendre leur croissance rapide.

Traitement des premiers coulants issus des plantes mères. — Dès que les coulants se sont suffisamment développés, qu'on aperçoit des rudiments de racines aux premières *rosettes* de ces coulants, on remplit des pots de 3 pouces et demi ($0^{m}09$ $0^{m}005$), d'un terreau riche et meuble ; on les enterre sous les *rosettes*, dans le terreau de la couche, et on fixe les coulants sur les pots avec de petits crochets de bois; dès que les *rosettes* sont bien enracinées (ce qui arrive au bout de quinze jours), on les *sèvre* de la plante mère.

Quand les racines commencent à tapisser le pot, il faut songer à rempoter.

Le rempotage. — Il a lieu dans des pots de **6** pouces ($0^{m}16$), et vers la mi-juin, si on a soigné cette culture. La terre est un mélange de deux tiers de *turfyloam* [1] et un tiers de fumier de cheval à demi consommé. Le *loam* avait été déposé, depuis plusieurs mois, en un lieu bien découvert pour le mûrir.

Dans chaque pot on place *une seule* plante, et non pas deux et trois comme cela se faisait autrefois et se fait encore. On secoue un peu la motte du fraisier pour dégager l'extrémité des racines. On secoue le pot afin que la terre qu'on y met s'entasse naturellement et pénètre bien; on termine par un arrosage complet.

Dépôt des fraisiers rempotés. — Le lot de plantes rempotées est déposé sur un emplacement découvert (non devant un mur, il y ferait trop chaud l'été, et les plantes sècheraient trop souvent); les surveiller, donner les arrosements nécessaires, supprimer les coulants, esherber.

Encore un rempotage à la mi-août. — A cette époque on rempote de rechef les fraisiers dans les *mêmes pots* et avec le *même mélange* de terre. On diminue une partie de la motte en faisant tomber de la terre à l'extérieur, en sorte que, cette motte étant replacée dans son pot, il reste un vide de 2 pouces ($0^{m}055$); puis les fraisiers sont remis en dépôt à la place qui avait été

[1] Terre provenant du dessus de vieilles pelouses décomposées.

déjà choisie. Si l'*empotage* et le *rempotage* ont été faits avec précaution, les plantes peuvent supporter la chaleur du soleil sans préjudice.

Les fraisiers resteront à cette place jusqu'au moment du premier forçage. Si, cependant, le froid se déclarait avant la mi-novembre, on les transporterait sous *châssis froids*.

Si la culture qui vient d'être recommandée a été bien observée, les plantes seront de force convenable pour le forçage, et on pourra en espérer un excellent résultat.

Des fraisiers destinés au forçage du commencement de janvier et plus tard. — Reportons-nous en arrière au moment où les premiers coulants, issus des pieds mères, ont été utilisés. Ils ont acquis assez de développement pour être forcés à la mi-novembre; plus tard, au mois de juin, on choisit sur les variétés choisies, les plus forts coulants et on fait enraciner la *rosette* située à *la base* de ces coulants, traitement déjà indiqué. Il faut faire en sorte que le rempotage soit achevé, au moins, à la mi-juillet; car, de cette époque, il ne reste plus aux jeunes plantes que trois mois pour se fortifier; même terreau, même manipulation. Ces fraisiers-là ne subissent pas de second rempotage comme cela a lieu pour ceux destinés aux premiers forçages, et la raison, c'est qu'ils ont été préparés plus tard.

Si l'automne est pluvieux, on couche les pots de côté. Ils sont en dépôt également sur un terrain très-aéré; le froid venu, on les place sous châssis. On donne de l'air le jour, on couvre de paillassons la nuit. Ils resteront là jusqu'au moment du forçage.

Premier forçage. — Mi-novembre. — Les variétés destinées à ce premier forçage ont été mentionnées plus haut. On les introduit dans une serre spéciale (figurée n° 42, p. 202), chauffée à l'eau chaude et garnie d'un gradin mobile. On nettoie les fraisiers, on supprime les feuilles avariées sans occasionner la moindre flétrissure aux bourgeons (aux cœurs). On les place sur le gradin qu'on élève ou qu'on baisse selon le besoin, d'après un système très-simple.

On place chaque pot, isolé de 4 pouces (0^m11) du voisin, dans une soucoupe que l'on emplit de vieux fumier de cheval à moitié consommé. Le but est de donner plus de nourriture aux racines et d'activer leur développement.

Ce procédé, peu suivi, dit M. Tatter, est de la plus haute importance pour la production de gros fruits.

Établir d'abord une température très-basse, parce que la végétation doit commencer lentement.

La table ci-dessous indique les degrés de chaleur différents.

	DEGRÉS RÉAUMUR.			
	JOUR.		NUIT.	
	Maxim.	Minim.	Maxim.	Minim.
Première semaine...........	5	3	3	1
Deuxième semaine..........	8	5	5	3
Troisième semaine..........	10	8	8	5
Quatrième semaine et jusqu'à la floraison..................	12	10	10	8
Pendant la floraison qui dure huit jours....................	10	8	8	5
Après la floraison, dans les quatorze premiers jours	14	12	12	10
De là jusqu'à la maturité parfaite du fruit.................	16	14	14	12

Remarque. — Quand le soleil donne, la température est élevée de 2° R. de plus; quand le thermomètre, a l'extérieur, descend à 10° R, et quand il fait constamment brumeux, ou à 2° R. de moins. Les pots placés sur le gradin, ou élève celui-ci aussi près que possible des verres; on le descend quand les plantes exigent une manipulation quelconque. On le remonte après, afin de procurer aux plantes le plus d'air et de lumière possible.

Il faut prévenir l'apparition des pucerons en faisant, dès ce moment, des fumigations complètes de tabac, qu'on répète si on en aperçoit quelques-uns; ce remède est radical. On arrose peu d'abord, on augmente dès que la végétation a marché; le fumier de la soucoupe ne doit pas être trop humide. On se sert, d'abord, d'une eau renfermée dans la serre; mais, à mesure que la température s'élève, l'humidité doit être augmentée et la chaleur de l'eau mise en rapport ascendant avec la chaleur du local. Maintenir humide l'intérieur de la serre. Point de place sèche, parce que *l'araignée rouge* pourrait s'y développer facilement. Maintenir l'air pur par une circulation continuelle; la lumière est très-favorable au fraisier. On ne les ombre jamais quand le soleil donne, *pas même* pendant la floraison.

Avec cette culture, les fraisiers produisent des feuilles vigoureuses à pétioles trapus.

Floraison. — Dans la huitième semaine, environ, du forçage, les premières fleurs s'épanouissent; on baisse alors la température et on établit l'aération la plus forte possible en maintenant toujours le degré prescrit sur le tableau ci-dessus; et si on ne peut pas y arriver en ventilant, parce qu'on se trouve à une époque très-froide de l'hiver, il faut donner de l'air par les châssis entr'ouverts, et encore abriter ces ouvertures pour que l'air froid ne frappe pas directement les plantes.

M. Tatter a une peur affreuse de *l'araignée rouge.* Elle était aussi le cauchemar de Mac Ewen, et sans toutes les précautions qù'il recommande, il la verrait paraître.

Pendant la période de la floraison, et jusqu'à ce que tous les pétales soient tombés, on doit suspendre l'arrosement des plantes; mais il faut mouiller le sol et les murailles; point de fumigation pendant cette période.

Il ne faut pas assujettir les hampes à des tuteurs après la défloraison. Le fraisier demande à ramper, ce que le mot *Erdebeere* (*fruit de terre* ou *baie de terre*) indique déjà. Le point principal est que le soleil pénètre entre les pots, qui doivent être séparés entre eux de 4 pouces (0^m11).

Si le jardinier est favorisé par le temps, sa moisson est à peu près assurée.

Fruit noué. — Lorsqu'on aperçoit un gonflement extraordinaire du réceptacle, c'est que le fruit est *noué.* Dès lors, on augmente la température, on donne aux plantes un arrosage complet. Il faut les arroser par le soleil à 8 heures du matin et à 2 heures du soir. Cet arrosage est très-salutaire à cette période végétative, parce qu'il active le gonflement du fruit (du réceptacle).

Fruit commençant à rougir. — A ce moment on suspend les arrosements. On maintient humides les murs et le sol.

Au commencement de mars, maturité parfaite si on s'est conformé à toutes les prescriptions. La récolte épuisée, on sort les plantes.

Succession de récoltes. — Si l'on veut obtenir une succession de fraises mûres, il est indispensable d'avoir plusieurs serres ou plusieurs compartiments dans la même, que l'on force à intervalles d'un mois, et il va sans dire que plus le forçage est retardé moins il faut de temps.

Les variétés américaines qui ont été forcées de bonne heure peuvent donner une seconde récolte en pleine terre à l'automne.

Les primeuristes français ne me paraissent pas accorder une grande confiance au résultat d'une deuxième fructification sur les pieds de fraisiers forcés. Quand ceux-ci ont rapporté, au potager de Versailles, on les jette. M. Truffaut père donnait au comte Lelieur, de 1840 à 1842, le dépotage de plusieurs centaines de touffes de *Keen's seedling*, quand elles avaient cessé de produire dans ses bâches.

Le comte Lelieur, qui avait le temps et le terrain pour faire des expériences, voulut s'assurer jusqu'à quel point ces touffes de fraisiers seraient aptes à fructifier de nouveau dans l'année.

Il avait remarqué que, pour obtenir au printemps sur des *pieds mères* des coulants plus hâtifs, il suffisait de supprimer les hampes florales quand elles paraissaient. Ce fait lui fit présumer qu'un empêchement semblable apporté au développement des coulants sur des plantes ayant subi le forçage déterminerait une seconde fructification.

« L'application de cette pensée fut faite, dit Lelieur, « sur des touffes de *Keen* qui, aussitôt après leur rap- « port sous bâche, ont été privées d'eau, afin d'en arrê- « ter la végétation. Lorsque ces touffes ont été presque « fanées, on les a dépotées fin de juin et mises en pleine « terre en supprimant une partie des feuilles, mais sans « rien retrancher aux racines. Les plantes ont promp-

« tement recommencé une nouvelle végétation qui s'est « d'abord annoncée par des fleurs ; on a favorisé leur « développement. Dans les premiers jours d'août, on a « pu faire une deuxième récolte *aussi belle et peut-être « plus abondante que la première.* » (*Pomone franç.*, 2e édit., p. 513.)

Mac Ewen n'accorde que quelques lignes à ce sujet. (*Fruit culture strawberry*, p. 12.) Si l'on veut des fruits tardifs, dit-il, les plantes qui ont été forcées de bonne heure et mises en pleine terre présenteront du fruit en septembre-octobre. On pourra les relever et les placer sous châssis.

M. Tatter prend très au sérieux la seconde fructification, et dans un article spécial de son ouvrage [1] il donne les moyens de l'obtenir. En voici la reproduction :

Manipulation des fraisiers qui ont porté fruits.

L'art de préparer les fraisiers à une seconde fructification consiste à leur faire subir un temps de repos en leur retirant l'humidité sans détruire absolument la vie, pour les rendre aptes plus tard à une végétation nouvelle. Partant de ce principe, on fait un choix vers la mi-mai des fraisiers les plus sains et les plus forts parmi ceux qui ont été forcés [2], et on les place à une exposition où la trop grande chaleur et les pluies ne soient pas à redouter, sous des hangars où l'air circule, ou dans des serres dépanneautées, ombrées au fort de la chaleur et repanneautées par la pluie. Si ces fraisiers, qui doivent d'abord être maintenus très-secs, étaient exposés à un soleil trop actif, ils souffriraient de cette grande chaleur, leurs racines se dessécheraient complé-

[1] *Die praktische obst-Treiberei*, etc., p. 210.

[2] Revoir ce qui a été dit au paragraphe *Enlèvement des plantes épuisées.*

tement, ce qui les rendrait impropres à l'usage ultérieur qu'on en attend.

On nettoie sans cesse les plantes et on ne les arrose juste que pour les empêcher de mourir. Après des journées très-chaudes, on les arrose le soir; mais seulement pour rafraîchir leurs feuilles, ayant soin de les maintenir au repos. (C'est un hivernage que l'auteur veut obtenir.)

A la mi-juillet, on dispose des coffres sur une vieille couche; on ajoute dans les coffres du terreaau neuf, riche, ameubli, pas trop léger; puis, on dépote les fraisiers, on supprime l'extrémité des racines, on écrase un peu les mottes qu'on diminue. Planter de préférence par un temps couvert ou pluvieux, ce qui évite d'ombrer pendant la grande chaleur; on mouille après. Chaque travée de châssis contient trois rangs de touffes et trois dans le rang, total : neuf; on ne doit pas faire usage de châssis, il faut de l'air. La reprise faite, on n'ombre plus. Arroser et nettoyer selon le besoin, supprimer tous les coulants dès qu'ils se présentent.

Des fraisiers traités ainsi fournissent généralement *une bonne récolte de beaux fruits* au mois de septembre, qui à cette époque de l'année seront bien accueillis. M. Tatter destine particulièrement *Prince of Wales* à ce genre de culture.

FIN.

TABLE DES MATIÈRES.

IIIe PARTIE. — RENSEIGNEMENTS GÉNÉRAUX.

L'ORCHIDOPHILE

TRAITÉ THÉORIQUE ET PRATIQUE

SUR LA CULTURE

DES ORCHIDÉES

Par le comte F. DU BUYSSON

1 vol. in-8. — Prix *franco* : 6,50

LES CONIFÈRES

DE PETITES ET GRANDES DIMENSIONS

CLASSIFICATION, DESCRIPTION

CULTURE ORNEMENTALE ET FORESTIÈRE

Par G. MORLET, horticulteur

1 vol. in-18. — Prix *franco* : 4 fr.

Évreux, Ch. HÉRISSEY, imp. — 678

BIBLIOTHÈQUE DE L'HORTICULTEUR PRATICIEN

Arboriculture. — Manuel pratique renfermant ce que les meilleurs auteurs et les praticiens ont dit de mieux sur le *défoncement*, la *taille* et la *mise à fruit des arbres fruitiers*, par l'abbé RAOUL. In-18, orné de pl. — *Admis pour les Bibliothèques scolaires.* 2 fr.

Arbres fruitiers (*Conseils sur le choix, la culture et la taille des*), pouvant convenir aux provinces du nord, de l'est, de l'ouest et du centre de la France, par le comte DE LAMBERTYE. In-18, orné de 33 grav. — *Admis pour les Bibliothèques scolaires.* 1 fr.

Asperges (*Semis, plantation et culture des*), par BOSSIN. 3e édit. In-18, fig. 1 fr.

Bouturer, greffer, marcotter et semer (*Guide pour*) les plantes d'ornement, annuelles, vivaces, arbres et arbustes, etc., extrait en partie du JARDIN FLEURISTE, par Ch. LEMAIRE et LEQUIEN. 2e édit. In-18, orné de 35 fig. 1 fr.

Cactées. — Leur culture, suivie d'une description des principales espèces et variétés, par PALMER. 1 vol. in-18, orné de 33 fig. dans le texte. 2 fr.

Canna. — Histoire, culture et multiplication, suivi d'une monographie des espèces et des variétés principales, par CHATÉ. 1 vol. in-32, orné d'une fig. hors texte. 1 50

Champignons. — Culture des champignons, avec l'indication d'une nouvelle méthode pour en obtenir en tous lieux par l'emploi de la mousse, etc., par SALLE. 4e édit. 1 vol. in-18, orné de 20 fig. dans le texte. 1 fr.

Fleurs de pleine terre et de fenêtres. — Conseils sur leur culture pouvant convenir aux provinces du nord, de l'est, de l'ouest et du centre de la France, par le comte DE LAMBERTYE. 2e édit. 1 vol. in-18. — *Admis pour les Bibliothèques scolaires.* 1 fr.

Floriculture des appartements, des fenêtres et balcons, par un amateur. 1 vol. in-18, orné de fig. dans le texte (*sous presse*).

Fraises. — Les Bonnes Fraises. Manière de les cultiver pour les avoir au maximum de beauté, par F. GLOEDE. 2e édit. 1 vol. in-18, orné de fig. 2 fr.

Fraisier. — Sa culture en pleine terre, suivie d'un choix des meilleures variétés à cultiver, par le comte DE LAMBERTYE. 1 vol. in-18. 1 fr.

Fuchsia (*Histoire et Culture du*), suivies de la description de 540 espèces et variétés, par F. PORCHER. 1 vol. in-18. 4e édition. 2 fr.

Géranium et Pélargonium. — Multiplication et culture, par MALET et VERLOT. 1 vol. in-32, orné de 10 grav. dans le texte. 1 25

Giroflées. — Culture et multiplication, suivies d'une description complète de divers modes d'essimplage, par CHATÉ. 1 vol. in-32, orné de 6 fig. hors texte. 1 25

Jardin fleuriste (*le*). — Instructions pour la culture des plantes annuelles, bisannuelles, vivaces; fougères; plantes à feuilles ornementales; oignons à fleurs; conifères; arbrisseaux; arbres et arbustes, par LEMAIRE, LEQUIEN, BOSSIN, BERNARDIN, CARRIÈRE, vicomte DU BUYSSON, PALMER, PORCHER, RIVIÈRE fils aîné, etc.; revu et complété par A. RIVIÈRE, jardinier en chef du Luxembourg. 4e éd. 1 vol. in-18, orné de nombreuses fig. 3 50

Jardinage. — Eléments de jardinage pouvant convenir aux provinces du nord, de l'est, de l'ouest et du centre de la France, par le comte DE LAMBERTYE. in-18, fig. 1 fr.

Légumes. — Conseils sur les semis de graines, de légumes, pouvant convenir aux départements du nord, de l'est, du nord-ouest et du centre de la France, par le comte DE LAMBERTYE. 4e édit., augmentée de la *Culture des Fraisiers au village.* In-18. 1 fr. *Admis pour les Bibliothèques scolaires.*

Légumes et fleurs. — Conseils sur leur culture sous un, deux ou trois châssis, pendant les douze mois de l'année, pouvant convenir aux provinces du nord, de l'est, de l'ouest et du centre de la France, par le comte DE LAMBERTYE. In-18, orné de 6 fig. 50 c.

Melon, Concombre vert et long, Concombre cornichon, Courge à la moelle et Potiron vert d'Espagne. — Conseils sur leur culture à l'air libre, par le comte DE LAMBERTYE. 1 vol. in-18, orné de figures indicatives pour les tailles. 1 fr.

Plantes à feuilles ornementales en pleine terre : botanique et culture, par le comte DE LAMBERTYE. 2 vol. in-18 avec fig. 2 fr.

Plantes molles de pleine terre (*Culture des*), *Pétunia, Géranium, Pensée, Verveine, Héliotrope*, par le vicomte F. DU BUYSSON. 1 vol. in-18, fig. 1 fr.

Poirier et Pommier. — Semis, plantation et culture dans les champs et les vergers, suivi d'une notice sur la fabrication du cidre et sur les préparations alimentaires des poires et des pommes, par Ferdinand MAUDUIT. 1 vol. in-18, orné de 24 fig. 1 25
Couronné par la Société d'horticulture de la Seine-Inférieure.— *Admis pour les Bibliothèques scolaires.*

Rosier. — Taille et culture, par FORNEY, 2e édit. 1 vol. in-12, fig. 2 fr.

NOTA. — Le catalogue complet de la librairie est envoyé *franco* sur demande *affranchie.*

Evreux, Ch. HÉRISSEY, imp. — 678.

www.ingramcontent.com/pod-product-compliance
Ingram Content Group UK Ltd.
Pitfield, Milton Keynes, MK11 3LW, UK
UKHW022133190726
13855UKWH00003B/1121

9 782013 356596